또 웃기는 수학이지 뭐야!

재미있고,
어렵지도 않고...

수학

이광연 지음

경문사

또 웃기는 수학이지 뭐야!

1쇄 펴낸날 2003년 5월 20일
6쇄 펴낸날 2017년 3월 10일
지은이 이광연 / 펴낸이 조경희
펴낸곳 경문사 / 등록 1979년 11월 9일 제9-9호
주소 14057, 서울특별시 마포구 와우산로 174
전화 02-332-2004 / 팩스 02-336-5193
이메일 kms2004@kyungmoon.com
facebook facebook.com/kyungmoonsa

값 9,000원

Copyright ⓒ 2002, 이광연
ISBN 89-7282-551-4

www.kyungmoon.com

머리말

대부분의 사람들은 보통 수학이라고 하면 굉장히 어렵고 재미 없는 학문으로 생각한다. 그 이유는 잘못된 교육과 지도에 있다고 해도 틀린 말은 아닐 것이다. 현재 우리나라 교육현장에서의 거의 모든 교육은 대학입시에 의하여 좌우된다. 즉, 어떻게 하면 좋은 대학 좋은 학과에 입학하느냐가 관건이다. 이런 잘못된 현재의 교육 환경으로 인하여 수학을 비롯한 몇몇 과목은 아예 입시용으로 전락된 지 오래다. 그렇다면, 어떻게 하면 학생들이 입시위주의 따분하고 고리타분한 수학에서 벗어나 진정 흥미롭고 즐거운 수학을 알게 할 수 있을까? 이 책은 무엇보다 이러한 고민으로부터 시작되었다.

먼저 나온 책 <웃기는 수학이지 뭐야!>의 머리말에서 밝힌 바와 같이, 수학은 고대의 가장 뛰어난 과학자이자 수학자인 아르키메데스를 비롯하여 뉴턴의 만유인력의 법칙과 아인슈타인의 상대성 이론에 이르기까지 인류역사의 흐름에 막대한 영향을 끼쳤다. 사실, 인류역사를 주도해가는 사람들을 지배하는 사고는 수학적 사고이다. 수학적인 사고가 일반인들에게 어느 정도 거리감을 주는 것은 사실이다. 그러나 수학적인 사고는 결코 어느 특정인의 전유물이 아니므로, 과거의 위대한 수학자에 대한 생애와 업적들을 소개함으로써 현대를 살아

가는 우리가 수학적인 사고에 좀 더 편안하게 접근할 수 있게 도와주는 것이 수학자로서의 역할의 일부라고 생각한다. 때문에 저자는 평소에 중·고등학교 정도의 교육을 받은 사람이면 누구나 부담 없이 수학적인 사고를 자극 받으며 흥미롭게 수학에 접근할 수 있는 내용의 책을 만들려고 생각하고 있었고, 이미 <웃기는 수학이지 뭐야!>를 선보여 좋은 평을 얻었다.

이 책은 수학을 전공하지 않았으나 수학에 관심이 있는 사람, 또 수학을 전공한 사람 모두에게 수학에 좀 더 쉽게 접근하게 하기 위하여 썼다. 여기에서는 동양수학에 대하여 먼저 소개하고, 네 명의 여성 수학자를 소개한다. 또 근세 이후의 위대한 수학자들에 대하여 소개하고, 후반부에서는 여러 가지 흥미로운 수학에 대하여 소개한다. 각 부분이 모두 연대순으로 편집되어 있으나 어느 부분을 먼저 읽더라도 간단한 수학지식과 수학에 관련된 재미있는 이야기를 얻을 수 있으므로 반드시 처음부터 읽지 않아도 된다. 특히 수학 선생님이 수업을 진행하다가 수업의 내용과 관련된 간단한 수학 이야기를 학생들에게 부담 없이 들려줄 수 있게 편집되었다.

사실 수학의 역사에 있어서 과거는 우리에게 매우 큰 영향을 끼치며, 수학자는 자신이 원하든 원하지 않든 본질적으로는 고대 수학을 공부하는 것으로써 시작해야 한다. 또한, 수학자들은 당연하게 그들의 분야가 아주 오래된 것을 자랑스러워한다. 수학은 수학사의 연구도 대부분의 과학보다 훨씬 먼저 학문적 연구분야로 인식되었을 만큼 오래된 과목이다. 그래서 수학을 공부하는 학생들에게 수학의 역사를 잘 알려 주는 것은 지극히 당연한 일이며, 이 작은 책이 거기에 일조 하였으면 한다.

또한 보다 폭넓고 깊은 내용을 원하는 독자를 위하여 이 책의 뒷부분에 참고문헌을 소개하였다. 여기에 소개된 참고문헌들은 이 책을 쓰는데 참고했던 문헌들로 모두 흥미로운 수학서적들이다.

끝으로 이 책이 나오기까지 원고 정리와 여러 가지 의견을 아끼지 않은 사랑하는 아내에게 감사하고, 원고 정리를 도와준 이지연 선생님께 감사드리며, 좋은 책이 될 수 있도록 협조해주신 편집부 여러분에게도 감사드린다.

2002년 4월

이광연

차 례

수학이란? (1)

아주 유명한 수학교수가 있었다. 그래서 많은 학생들이 그의 강의를 듣기 위하여 수강신청을 했는데, 너무 어려운 내용이라서 이해하는 학생이 거의 없었다. 마침내 학생들은 하나 둘 강의에 참석하지 않게 되었다. 드디어 모든 학생들이 강의를 포기하고 마지막 한 학생이 강의를 듣고 있었다. 그러나 어느 날 수학교수가 강의에 열중하는 사이에 그 학생도 몰래 도망쳐버렸다. 그러나 수학교수는 계속해서 강의를 진행했다. 지나가던 동료가 그

광경을 보고 너무 신기해하며 수학교수에게 물었다.

"학생이 아무도 없다는 것을 알고 있었습니까?"

그러자 교수는 웃으면서 다음과 같이 말했다.

"알고 있었습니다. 그 동안 학생들이 강의를 들을 때는 진도를 많이 못 나갔는데 오늘은 진도를 엄청나게 많이 나갔어요"

 끊임없이 전진한다.

훌륭한 수학자는 산목을 사용하지 않는다

중국의 수학은 어떠했을까? 중국의 수학적 지식이 어느 정도였는지 알 수 있다면 우리나라의 수학이 어떠했다는 것을 미루어 짐작할 수 있다. 그러나 불행하게도 고대 중국 수학의 근본에 관한 어떤 것도 우리에게 전해진 것이 없다. 그 이유는 고대 중국인들이 그들의 발견을 영구 보존할 수 없는 대나무 위에 기록했다는 것과, 기원전 213년에 진시황의 명령에 의한 분서갱유 때문이다. 사실 그 당시 황제의 포고령이 완벽하게 수행되지는 못했다. 또 불타버린 많은 책들이 그 후에 기억으로 복원되기도 했

다. 그러나 현재로서는 불행한 그 사건 이전의 것으로 추정되는 어떤 것도 그 진위 여부가 의심스럽다. 따라서 초기의 중국 수학에 관한 지식은 대부분 전해 내려오는 이야기에 의존할 수밖에 없다.

우선 간단하게 중국의 역사를 살펴보자. 중국의 역사는 아마도 기원전 1030년경부터 기원전 221년까지 지속된 봉건 주周 시대에서부터 시작하는 것이 타당할 것이다. 주 시대가 가고 기원전 206년부터 222년까지 한漢나라 통일제국으로 이어진다. 그 후 여러 나라로 나뉘었던 대륙을 618년에 당唐이 통일한다. 907년부터 960년까지 오조五朝 시대를 거쳐 960년부터 1279년까지의 송宋, 1260년부터 1368년까지의 원元, 1368년부터 1644년까지의 명明으로 이어졌고, 그 후에는 청淸이 통일했으며 현재의 중국으로 이어지고 있다.

상고시대 중국에서는 계산과 측량의 도구로써 산목, 결승, 탤리, 자, 컴퍼스, 먹줄 등이 쓰였는데, 노자의 <도덕경>에

　　"훌륭한 수학자는 산목을 사용하지 않는다."

라는 말이 있는 것으로 봐서 그 이전부터 산목을 써서 가감승제의 계산을 해왔음을 알 수 있다. 계산할 때 산목을 사용한 숫자 표현법은 다음과 같다.

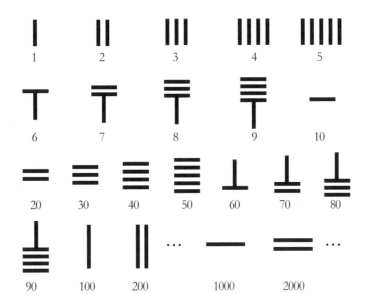

중국은 동양문명의 발상지라고 해도 과언이 아니다. 그곳에는 황하가 있었다. 이집트인들은 나일강을 찬미했지만 중국인들은 '악마 같은 황하'라고 했다. 그 이유는 거의 2년에 한번씩 찾아오는 대홍수 때문이었다. 그래서 중국에서는 물을 다스리는 문제가 극히 중요한 위치를 차지하고 있다. 따라서 중국에서는 아주 일찍부터 물을 지배하는 자가 왕이 되는 소위 '수력사회'였고, 치수治水에는 수학이 절대적으로 필요했다. 유교의 고전인 <주례周禮> 속에는 당시의 관리 자제들에게 육예六藝를 가르쳤다고 적혀 있다. 육예란 예(禮, 예절), 악(樂, 음악), 사(射, 활쏘기), 어(御, 승마), 서(書, 글), 수(數, 계산)라는 여섯 가지 교양과목을 말한다. 이와 같이 고대 중국의 관리가 되기 위해서는 어릴 적부터 수학을 익혀야 했다. 당시의 수학은 농업국가인 중국의 관리들이 농산물을 세금으로 거두어들이는 일과 재정처리 그리고 상공업에 종사하는 사람들에게까지 널리 이용되고 있었다. 실제로 <주례>에는 관영공장에서 제작되는 각종 기구에 관한 기록이 있는데, 이런 작업을 하는데 자와 컴퍼스가 쓰여졌음은 분명하다. 한漢대에 새겨졌다는 전설적인 두 반신반인의 석각인 복희와 여화의 손에 각각 자와 컴퍼스가 들려져 있는 것으로 보아 수학을 얼마나 중시했는지 알 수 있다.

자와 컴퍼스를 든 복희와 여화*

흔히 기원전 5세기에서 221년까지를 중국의 전국시대라고 한다. 진시황의 통일로 마무리된 이 시대에는 묵가墨家라는 일종의 기술자 집단이 있었다. 이들은 유교 사상에 대항하는 과정에서 성립된 집단으로 주로 중·하류층이었다. 이들은 인간 이성 및 지식에 대하여 긍정적인 입장을 취하고 있었으며 궤변론자들에게 대항하기 위하여 공리주의적인 태도를 취하고 있었다. 그들에 의하여 중국은 논리학이 크게 발전하게 되었다. 그러나 이들과 대립적이었던 유가儒家의 성공으로 후세에 이어지지 못하였다. 묵가의 최초의 맹주인 묵자가 지은 것으로 알려진 책인 <묵자墨子>에는 유클리드의 <원론>에 있는 내용과 유사한 것이 있다.

1. 점은 넓이가 없는 선의 맨 끝에 있는 부분이다.

---

* 수학대사전, 김용운, 김용국

2. 선분을 계속해서 나누다가 더 이상 나눌 수 없는 곳에 점이 있다.

3. 같은 길이를 갖는다는 것은 두 직선이 같은 자리에서 끝나는 것이다.

4. 비교는 서로 일치하거나 그렇지 않을 때 나타나는 것이다.

5. 평행이란 같은 간격을 말한다.

6. 공간은 모든 장소를 포함한다.

7. 유계인 공간 바깥에 있는 선은 유계인 공간에 포함되지 않는다.

8. 공간이 있다는 것은 그것에 무엇인가가 포함되어 있다는 것이다.

9. 평면은 그 변이 포개어지지 않는 것이다.

10. 모든 직사각형은 4개의 곧은 변을 가지고, 4개의 각은 모두 직각이다.
11. 사이에 공간이 없는 곳에서는 서로 닿을 수 없다.
12. 원은 그 둘레 위의 모든 점의 위치를 차지할 수 있다.
13. 원은 중심을 지나는 모든 직선의 거리가 같은 도형이다.
14. 원의 중심은 원주로부터 같은 거리에 있다.
15. 모든 체적은 두께의 차원을 가지고 있다.

　　중국은 주周 시대 이전부터 10진법을 사용하였다. 물론 그 이후에도 줄곧 10진법이 사용되었다. 한漢 대나 혹은 그 이전에는 대나무 막대의 배열을 이용하는 막대 수 체계가 만들어졌는데 그 체계에서 빈 공간은 0을 나타내는 것이었다. 기본적인 산술계산은 셈판 위에서 대나무 막대로 하였다. 오늘날 낯익은 중국 주판은 나란한 막대나 줄에 움직일 수 있는 구슬을 꿴 것으로서 1436년의 어떤 책에서 이를 처음으로 언급하고 있지만 아마도 그보다 훨씬 더 오래된 것일 것이다. 이 주판은 최근까지만 해도 우리의 생활에서 쉽게 볼 수 있었던 것이다. 심지어 그것을 전문적으로 배우는 학원이 성업하기도 했었다. 그러나 현재는 전자계산기와 컴퓨터의 보급으로 거의 사용하지 않고 있다.

　　고대 중국 수학책 중에서 가장 중요한 <구장산술九章算術>은 한漢 대에 쓰여진 것으로서 한 대 훨씬 이전의 내용도 담고 있다. <구장산술>보다 더 오래된 것으로 추정되는 또 하나의 유명한 고전으로 <주비산경周髀算經>이 있다. 이 책은 일부만 수학적

내용을 담고 있는데, 가장 흥미로운 것은 피타고라스 정리에 대한 논의이다. 즉 '구고현勾股弦의 정리'가 그것이다. 이 정리에 대하여는 다음에 설명할 것이다.

어쨌든, 그 뒤를 이어 한漢 대가 낳은 수학자 순체가 <구장산술>에 나오는 것과 유사한 내용을 담고 있는 책을 한 권 저술했는데 이 책에는 다음과 같은 문제가 나온다.

"3으로 나누면 2가 남고, 5로 나누면 3이 남고, 7로 나눌 때 2가 남는 수들 중에서 가장 작은 수는 무엇인가?"

이것이 초등 정수론에서 유명한 '중국인의 나머지 정리'의 기원

이다.

후한시대에는 왕판이라는 장군이 원주율 π를 유리 근사값 $\pi \approx \dfrac{142}{45} \approx 3.155$로 계산하였고, 왕판과 동시대의 인물인 유희는 <해도산경海島算經>이라는 <구장산술>의 간단한 주해서를 썼다. 그 후 당唐 대에 이르러 과거시험에서 공식적으로 사용하기 위하여 당시에 구할 수 있었던 대부분의 중요한 수학책을 한데 모아 묶었다. 그러나 현재 밝혀진 바에 의하면, 인쇄술이 8세기에 발명되긴 했지만 수학책의 최초의 인쇄는 1084년이 되어서야 나왔다.

송宋 대 후반기에서 원元 대 전반기에 이르는 기간은 고대 중국 수학사에서 가장 위대한 시대였다. 당시의 수학자로는 진구소, 이야, 양휘 그리고 가장 위대한 주세걸 등이 있었다. 1247년에 책을 펴낸 진구소는 순체가 남겨 놓은 부정방정식을 다루었으며, 중국 최초로 0을 표시하는데 독립된 기호로서 현재와 비슷한 원을 사용하였다. 또한 고차방정식을 이용하여 제곱근을 구하는 방법을 일반화시켰다. 이야는 1248년에 <측원해경測圓海鏡>과 1259년에 <익고연단益古演段>을 펴냈다.

2996

−2996

2906

　그는 특히 음수에 대한 표기를 소개한 사람으로 그림에서 보는 바와 같이 중국식의 막대 수 체계로 수를 썼을 때 맨 오른쪽 자릿수를 대각선으로 획을 그어서 음수로 표현했다.
　1261년과 1275년에 각각 책을 펴낸 양휘는 <구장산술>의 확장이라고 할 수 있는 그의 책에서 본질적으로 오늘날과 같은 방법으로 소수를 다루고 있다.
　또한 '파스칼의 산술삼각형'에 대한 현존하는 가장 오래된 설명을 주었다. 이와 같은 내용은 1303년 주세걸이 쓴 책에 다시 등장한다. 주세걸은 1299년과 1303년에 책을 펴냈는데, 이 책은 우리에게 전해 내려온 중국의 산술적, 대수적 방법을 설명한 가장 완벽한 책이다. 여기에는 오늘날 우리가 사용하고 있는 행렬을 이용한 소거법이나 대입법 등이 수록되어 있다.

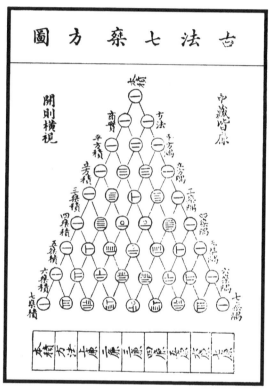

주세걸이 1303년에 쓴 책에서 설명하고 있는 파스칼의 산술삼각형

중국의 숫자 삼각형은 프랑스의 수학자 파스칼이 만든 것보다 350년이나 앞선 것이다. 이것으로 동양의 수학이 서양의 수학에 뒤지지 않았다는 것을 알 수 있다. 그러나 중국수학은 해법이 주어지긴 했지만 그리스 수학과 같은 논리적인 증명은 주어지지 않았다.

가장 아름답고 좋은 증명

중국 당唐 대에는 수학교육이 제도화되어 나라에서 산학이라는 학교를 세우고 수학을 가르쳤다. 그 곳에는 10종의 수학 교과서가 있었다. 가장 오래되었고 흔히 수학의 고전으로 알려진 <주비산경>을 비롯하여 <구장산술>, 그리고 유휘가 <구장산술>의 간단한 주석을 달은 <해도산경>을 비롯하여 <손자산경孫子算經>, <오조산경五曹算經>, <하후양산경夏侯陽算經>, <장구건산경張邱建算經>, <오경산경五經算經>, <철술綴術>, <집고산경緝古算經> 등이 그것이다. 이중에서 <주비산경>에는 소위 '구고현의 정리'라는 피타고라스의 정리가 나온다.

지금까지 알려진 피타고라스 정리에 대한 증명은 대략 400가지에 이르고 있다. 그러나 <주비산경>에 나타난 증명은 독특한 것으로 수식이나 기하학적인 도형이 따로 없는 한 장의 그림으로 정리의 내용과 증명을 동시에 나타내고 있다. 그 이유는 원래 동양인은 논리를 좋아하지 않았고 불교의 선과 같이 직관적으로 사실을 통찰하는 경우가 많았기 때문이다.

몇 년 전 세계 다양체 학술대회가 일본의 도쿄에서 개최되었다. 이곳에서 영국의 수학자인 지만Zeeman은 '카타스트로피 이론'을 발표하여 수학뿐만이 아닌 모든 분야에 큰 충격을 주었다.

이 영국의 수학자가 '구고현의 정리'에 대한 중국인의 증명을 피타고라스 정리에 대한 증명 중 '가장 아름답고 좋은 증명법'이라고 했다.

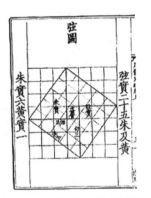

주비산경 중의 피타고라스 정리에 관한 도해

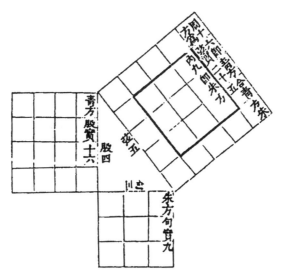
구장산술 중의 피타고라스 정리에 관한 도해

　그림에서 보는 것과 같이 직각삼각형의 변의 길이가 3, 4, 5
의 경우를 말하고 있으나 일반적인 직각삼각형의 경우에도 그대
로 적용되는 훌륭한 증명방법인 것이다.
　피타고라스의 직각삼각형에 관한 정리의 증명을 몇 가지 소
개한다. 이 정리의 증명 방법 중 미국의 대통령 가필드에 의한
방법은 이미 <웃기는 수학이지 뭐야>에서 소개하였고, 유클리
드의 증명 방법은 중학교 수학 교과서에 실려 있으므로 여기에
서는 소개하지 않는다. 여기서는 피타고라스 정리의 증명 중 간
단한 것만 몇 가지 소개한다. 그 첫번째가 피타고라스의 증명법
이다.

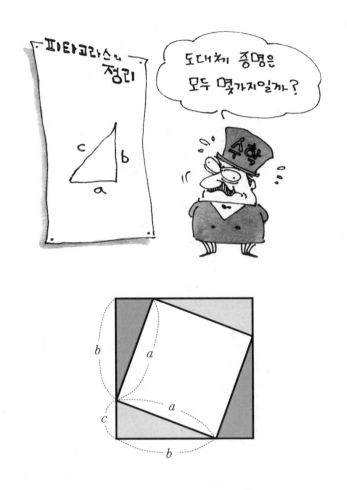

그림에서 빗금 친 부분의 네 직각삼각형은 합동이다. 따라서 $(b+c)^2 = a^2 + 4 \times \dfrac{bc}{2}$ 이고, 이것을 전개하여 정리하면 $a^2 =$

$b^2 + c^2$ 을 얻는다.

다음 증명 방법은 삼각형의 닮음을 이용한 것이다. 다음 그림에서 삼각형 ADC와 삼각형 ABC는 닮은 삼각형이다. 따라서 $\dfrac{b}{x} = \dfrac{c}{b}$ 이다. 또한 삼각형 CDB와 삼각형 ABC가 닮았으므로 $a^2 = cy$ 이다. 따라서 $a^2 + b^2 = cx + cy = c(x+y) = c^2$ 을 얻는다.

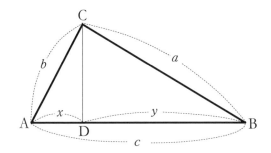

다음은 인도인 바스카라가 증명한 방법을 소개한다. 다음 그림에서 $c^2 = \dfrac{ab}{2} \times 4 + (a-b)^2$ 이므로 $a^2 + b^2 = c^2$ 이다.

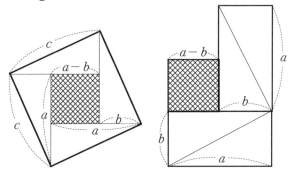

끝으로 피타고라스의 정리의 증명 중 그림으로만 이루어진 것을 소개한다.

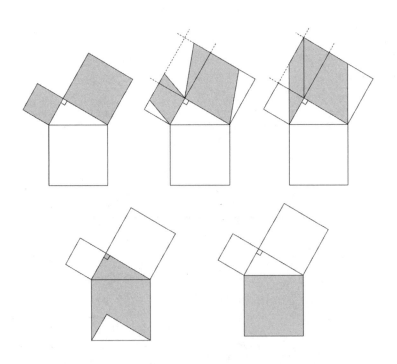

수학이란? (2)

옛날에 뛰어난 수학자 한 명이 있었다. 그의 명성은 온 나라에 퍼져 있었는데, 그 나라의 왕이 자기의 명성보다 더 훌륭한 평판을 받고 있는 이 수학자를 시기하여 그를 죽이기로 하였다. 그래서 왕은 그를 잡아오게 한 후 다음과 같이 말하였다.

> "만약 그대가 지금 이 자리에서 한 말이 사실이면 그대를 살려줄 것이고, 그렇지 않으면 그대를 죽일 것이다. 자! 이제 사실을 말해 보아라."

사실 왕은 어떠한 말도 모두 거짓이라고 말하려고 준비하고 있었다. 그러자 그 수학자는 왕의 마음을 알아차리고 다음과 같이 말하였다.

> "왕께서는 저를 죽이실 것입니다."

이 한마디 말로 왕은 난처한 처지에 빠지게 되었다. 왜냐하면, 그 수학자의 말이 거짓이라면 그를 살려주어야 하고, 수학자를 살려주면 그 수학자의 말이 틀렸으므로 죽여야 한다. 그래서

왕은 이 수학자를 죽이지도 못하고 살리지도 못하는 처지가 되었고, 결국 왕은 이 수학자의 뛰어난 학식에 무릎을 꿇고 말았다.

 거짓말을 하지 않는다.

산은 산이요, 물은 물이로다

유럽에는 유클리드의 <원론>이라는 뛰어난 수학책이 있어서 학문 발전의 밑거름이 되었다. 그렇다면 동양에도 이와 같은 책이 있었을까? 대답은 '그렇다.' <구장산술>, 이 책은 동양 최고의 수학책으로, 중국뿐만 아니라 우리나라에서도 신성한 책으로 받아들여졌다. 특히 우리나라의 조선 말 수학자인 남병길은 조선의 사정에 맞게 해설을 붙여 <구장술해九章術解>라는 수학책을 산술교본으로 펴냈다.

<구장산술>은 진과 한 시대의 수학책을 기초로 후한시대가 되어서야 비로소 나타난 수학책이다. 이 책을 집필한 사람은 알려져 있지 않지만, 유휘가 주석을 붙여 펴낸 것으로 알려져 있다. 유휘는 유비, 관우, 장비가 활약하던 삼국 시대의 인물로, 할원법을 이용하여 원주율을 구한 사람으로 알려져 있다. 사실 원주율 π 는 5세기경에 조충지라는 사람이 3.141592까지 구했는데 이 값은 유럽보다 무려 천년 이상 앞선 것이었다.

<구장산술>은 주로 당시의 관리들에게 필요했던 수학 지식을 모아놓은 책이다. 이 책은 모두 아홉 개의 장으로 구성돼 있으며, 그 각각은 방전方田, 속미粟米, 쇠분衰分, 소광小廣, 상공商工, 균륜勻輪, 영부족盈不足, 방정方程, 구고句股 등이고 모두 246개의 문제가 실려 있다. 그러나 각각의 문제에 대한 답은 있지만 증명

은 찾아볼 수 없다. 그 형식은 문제, 답, 풀이의 차례로 나타나
있다. 이제 <구장산술>의 각 장의 내용과 간단한 문제를 알
아보자.

　우선 제 1장인 방전장은 논밭의 측량 문제를 다루고 있다.
여기서 방전이란 사각형 모양의 논밭을 뜻한다. 그러나 이 장에
서는 사각형의 논밭 문제뿐만 아니라 삼각형, 사다리꼴 그리고
원형, 반원형, 부채꼴 심지어 도넛형의 문제까지 있다. 여기서 흥
미로운 사실은 원주율을 3으로 사용했다는 것이다. 또한 방전장
에는 간단한 분수계산도 나온다. 특히 유클리드의 호제법과 같은
방법으로 최대공약수를 구하는 방법이 나온다.

여기서 잠깐 두 수의 최대공약수를 구하는 방법을 유클리드의 호제법을 응용하여 간단히 알아보자. 그 상세한 내용은 생략하고 예를 들어 설명하겠다. 만약 두 정수 24와 38이 있다면, 두 수의 최대공약수는 다음과 같이 구한다.

$$(24, 38) = (24, 38 - 24) = (24, 14) = (24 - 14, 14) = (10, 14)$$
$$= (10, 14 - 10) = (10, 4) = (10 - 4, 4) = (6, 4)$$
$$= (6 - 4, 4) = (2, 4) = (2, 4 - 2) = (2, 2) = 2$$

따라서 24와 38의 최대공약수는 2이다. 이와 같이 아무리 큰 두 수가 주어지더라도 빼기만 계속하면 쉽게 최대공약수를 구할 수 있다. 이와 같은 방법이 <구장산술>의 방전장에 나와있다. 이 장에는 모두 38개의 문제가 수록되어 있다.

제 2장은 46개의 문제가 수록되어 있는 속미장이다. 속미란 상고시대의 주식인 조를 가리키는 말로, 껍질을 까지 않은 상태를 이른다. 이 장은 곡물을 교환할 때의 계산법을 다루고 있는데 비례 문제가 나온다. 예를 들면 이 장의 문제 32는 다음과 같다.

"160전을 내고 기와 18장을 샀다면 기와 1장은 얼마인가?"

이것을 바꾸어 말하면 $160 : 18 = x : 1$ 로 비례관계를 따지는 것이다.

제 3장인 쇠분장은 고저의 차이가 있는 급료나 조세를 다루며 나타나는 비례관계를 계산하는 법을 다루고 있다. 쇠분이란 물건을 똑같이 나누는 것이 아니라 차등을 두고 나눈다는 뜻이

다. 이 장에는 모두 20개의 문제가 있다.

　제 4장인 소광장은 넓이 또는 부피를 구하는 문제를 다루고 있다. 여기서 소광이란 줄이거나 늘인다는 뜻이다. 이 장에는 모두 24개의 문제가 있다. 여기에 수록된 문제 중에는 정사각형의 한 변의 길이를 구하는 문제로, 오늘날의 제곱근을 구하는 것과 같은 문제가 있다.

　모두 28개의 문제가 수록되어 있는 제 5장인 상공장은 주로 토목공사의 공정 문제를 다루고 있다.

　조세의 운반과 관련된 28개의 문제를 가지고 있는 제 6장인 균륜장은 백성에 대한 부역을 어떻게 공평하게 부과할 것인가를 다루고 있다.

　제 7장인 영부족장은 과부족의 문제 20개가 수록되어 있다.

여기에 수록된 문제는 남거나 부족한 것을 가정할 때 맞는 수를 구하는 계산방법에 관한 것이다.

양수와 음수가 섞여 있는 1차 연립방정식의 해를 구하는 18개의 문제가 수록된 제 8장인 방정장에는 다음과 같은 문제가 있다.

"상품 벼 7단이 있다. 여기서 나오는 쌀의 양을 1말 줄이고, 여기어 하품 벼 2단을 채우면 쌀은 모두 10말이 된다. 또 하품 벼 8단이 있다. 거기에 쌀 1말과 상품 벼 2단을 섞으면 쌀이 모두 10말이 된다. 그렇다면 상품 벼와 하품 벼 1단에서 각각 얼마의 쌀을 낼 수 있는가?"

여기서는 풀이법을 간단하게 설명하겠다. 이 문제를 연립방정식으로 고치면

$$\begin{cases} 7x-1+2y = 10 \\ 2x+8y+1 = 10 \end{cases} \rightarrow \begin{cases} 7x+2y=11 \\ 2x+8y=9 \end{cases}$$

이지만 당시에는 미지수를 생략하고 간단히

$$\begin{matrix} 7 & 2 & 11 \\ 2 & 8 & 9 \end{matrix}$$

와 같이 표기하였다. 이것은 미지수를 소거하고 연립방정식을 푸는 현재의 가우스 소거법과 같다. 오늘날 우리가 등식에서 미지수를 구하는 '방정식'이라는 말의 기원이 되는 장이다.

　　<구장산술>의 마지막장인 제 9장은 구고장으로, 이 장은 피타고라스 정리의 응용이다. 즉, '구고현의 정리'의 응용인 셈이다. 여기서 구고란 직각삼각형을 말하는데, 구는 직각삼각형의 짧은 변이고, 고는 긴 변을 나타낸다. 또한 현이란 빗변을 나타낸다. 여기에는 모두 24개의 문제가 수록되어 있고 모두 직각삼각형의 높이, 길이, 넓이와 거리등의 문제를 다루고 있다.

　　이와 같이 훌륭한 책과 지식이 있었던 중국이지만 근대 과학이 발전하지 못한 이유는 무엇일까? 과거의 역사와 문화만을 놓고 본다면 분명히 동양의 그것이 서양보다 훨씬 아름답고 뛰어난 것임은 말할 필요도 없다. 그러나 근대 과학이 발전하지 못한 가장 큰 이유를 아인슈타인은 그의 친구에게 쓴 편지에서 다

음과 같이 적고 있다.

> "과거 중국에 유클리드 기하학과 실험적인 방법이 결여되어
> 있었다는 것이 근대 과학의 탄생을 막는 가장 큰 원인이다."

사실 동양과 서양의 사고방식에는 차이가 있다. 서양인은 논리적
인 사고를 중시했고 동양인은 논리적인 사고보다는 선禪적인 면
이 많았다. 얼마 전 훌륭한 스님이 하신 말이 동양인들의 사상을
잘 설명하는 것 같다.

> "산은 산이요, 물은 물이로다."

그러나 요즘에는 서양에서 바로 이러한 동양의 사상을 배우고 습득하자는 바람이 불고 있다고 한다.

역사와 문화의 창조는 서로 교류할 때 더 좋은 것이 탄생하는 것이 아닐까?

첨성대 속의 수학자

우리나라 수학의 역사는? 우리나라에 수학의 역사가 있기는 있는가? 이런 질문을 받을 때마다 슬프다. 우리는 유치원에서부터 초등학교를 거쳐 중·고등학교 그리고 대학교까지 모든 교육을 서구식으로 받고 있다. 따라서 우리나라 수학의 전통적인 방법과 역사를 가르치고 연구하기에는 현실적으로 매우 어려운 일이다. 그러나 현재 우리나라 수학의 역사를 연구하고 가르치고자 노력하는 분들이 계시니 그나마 다행이다.

우리 민족은 한반도에서 5000년을 살아왔다. 물론 앞으로도 계속되겠지만 우리의 역사는 같은 동양인 중국의 역사와는 다르다. 신라 천년, 고려 오백년 그리고 조선 오백년 등 각 왕조는 긴 세월 동안 그 체제를 유지해왔다. 반면 중국은 이만큼 오래 간 왕조가 거의 없었다. 그렇다면 각 왕조가 이렇게 오랫동안 유지될 수 있었던 이유는 무엇일까? 그 이유는 주어진 체제 내에서 가능한 한 합리적인 정치를 해왔기 때문일 것이다. 공정하고 합리적이지 못했다면 아마도 수많은 왕조가 출현했었을 것이다. 이렇게 공정하고 합리적인 체제를 유지하기 위해서는 공정한 세법이 있어야 함은 당연하고, 뛰어난 산학이 있어야 함은 또한 당연한 일이다. 또 우리의 아름다운 문화유산인 각종 건축물들은 단순히 눈대중으로 만들어진 것일까? 현재 우리나라의 역사에 관한 이해를 돕기 위해 방송하고 있는 TV 프로그램인 '역사스페셜'에서도 보여 주었듯이 그 뒤에는 뛰어난 과학의 힘이 있는 것이다. 예를 들자면 석굴암이나 황룡사 9층탑 등이 그것이다. 사실 한국의 수학사 연구는 결국 그 독특한 과학성을 발견해내는 데 있다. 이제 이러한 한국의 수학사를 간단하게 살펴보자.

　　우선 김부식의 <삼국사기>는 한국 수학사를 연구하는 데 매우 중요한 자료이다. 우리는 이 책으로부터 많은 사실을 얻을 수 있다. <삼국사기>에 나와 있는 신라의 수학에 대하여 먼저 살펴보면 신라의 교육 제도로 682년에 신문왕이 세운 국학이 있었다. 그 후 경덕왕 때 대학감으로 고쳤는데 거기에는 한 사람의 산학박사와 조교가 배치되었고, 교수 과목으로는 <철술綴術>, <구장九章>, <삼개三開>, <육장六章> 등이 있었다. 이 중에

서 <삼개>와 <육장>은 중국의 제도에는 없는 것이었다.

　백제의 산학 또한 대단했던 것으로 믿어진다. 백제의 산학이 일본으로 건너가 일본의 산학제도에 영향을 미쳤는데, 특히 <육장>은 일본에서 천문과 역산曆算을 맡는 관리의 교과서였다. 백제의 산학자들은 중국의 산학 책을 그대로 사용한 것이 아니라 우리의 실정에 맞게 재편집하여 사용한 것으로 짐작되고 있다. 이중에서 <철술>의 내용에 π의 값을 $3.1415926 < \pi < 3.1415927$과 같이 놀라우리만큼 정확하게 계산한 것이 있다. 사실 <철술>의 내용은 너무나 고차원적인 이론으로 이루어져 있는데, 현실적이고 구체적인 동양의 수학에서는 아주 이례적인 것이다. 그래서 중국에서는 이미 수隋 대에 없어졌다. 그러나 우리나라에서는 고려시대까지도 표준 산학 교과서로 사용되고 있었다.

그러니까 $3.1415926 < \pi < 3.1415927$ 이군.

　　373년인 소수림왕 3년에 중국의 제도를 본떠서 율령을 공포
한 고구려는 계산술을 전문적으로 담당하는 기술관리를 두었다.
고구려의 수학에 영향을 미친 것은 중국에서 발생한 '오행설'이
다. 이것은 모든 것을 목, 화, 토, 금, 수의 다섯 가지로 분류해서
생각하는 것이다. 고구려인들은 궁궐 및 각종 건조물에 오행설에
입각한 기하학을 도입했다. 또한 정사각형을 기초로 실용
적인 기하학을 이용했던 것 같다. 예를 들어, 고구려 고분의 천
장을 살펴보면 다음 그림과 같이 정사각형의 각 면을 $\frac{1}{2}$ 또는
$\frac{1}{3}$ 씩 끊어, 주어진 정사각형 속에 차례대로 작아지는 정사각형
또는 정팔각형을 만들고 있다.

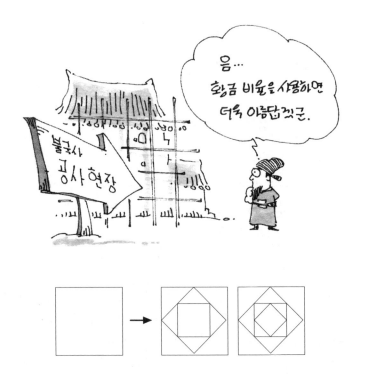

통일신라시대에는 산학을 담당하는 산사라는 관리가 있었다. 사실 당시에는 수학과 천문학이 구별이 안 될 때이다. 신라시대의 아름다운 건조물인 석굴암의 설계도에는 이미 무리수와 함께 황금비가 나타난다. 수학이 발달했다는 그리스인들이 처음 '수'란 정수의 비로 나타낼 수 있는 유리수만을 고집할 당시 이미 신라인들은 무리수 $\sqrt{2}$ 와 황금비를 자유롭게 사용하고 있었다.

또한 첨성대를 살펴보면 그 높이와 그 밑의 정사각형의 대각선의 비는 5:4, 또 밑의 원과 위의 원의 지름의 비는 5:3으로 되어

음, 높이가 5이고
밑면의 정사각형의
대각선도 4이군

있다. 이 수치는 각각 피타고라스의 정리에서 나타나는 직각삼각형의 $\cos\theta$, $\sin\theta$의 값이다. 첨성대의 지름, 높이 등의 비가 4:5, 3:5가 된 것은 이미 피타고라스의 정리를 알고 있었고 이것을 이용했다는 증거이다. 물론, 다른 곳에서도 이 정리의 이용은 자주 나타난다.

이와 같은 사실 이외에도 여러 가지가 있다. 그 중 잘 알려진 아름다운 건조물인 불국사 다보탑은 1:2:4:8의 등비급수를 이용하여 건조되었다. 또한 불국사 석굴암의 경우 피타고라스 학파가 무리수임에도 자랑스럽게 그들의 상징으로 삼았던 '황금비율'로 건축된 것은 당시 통일신라의 수학적 능력을 쉽게 짐작할 수 있게 해준다.

고려시대의 산학 과정이 구체적으로 나타나 있는 문헌은 아직 발견되고 있지 않다. 그러나 수학 과거시험인 명산과의 시험이 이틀에 걸쳐 실시되었고, 그 중 첫날은 <구장산술>, 그리고 다음 날은 <철술>과 <삼개> 그리고 <사가謝家> 중에서 출제되었다는 기록이 있다. 고려시대의 산학은 신라시대와 사실상 별차이가 없었다. 그러나 여러 가지 기록으로 미루어보아 신라의 수학은 실용적이었던 반면, 고려시대의 수학은 소위 '궁정과학'의 테두리를 벗어나지 못했다. 고려에서는 수도를 비롯한 서경, 동경, 남경 등의 대도시에 국한시켜 산사가 배치되었기 때문에 군, 현 소재지의 지방관리나 서민 사회에서는 수학책에 실린 고도의 계산 지식은 전혀 알지 못했다.

조선시대의 수학은 현실적인 문제에서 출발하였다. 사실, 고려 왕조가 망한 원인 중 하나는 조세 부과에 따르는 농지측량제

도의 혼란에 있었다. 고려 말 한반도의 총 농토가 80만 결이었던 것이 조선 태종 때가 되자 100만 결이 되었고, 세종대왕 때에는 180만 결이 되었다. 여기에는 물론 새로 개간한 농지도 있었겠지만 철저한 토지의 측량에 그 이유가 있다고 봐야 한다.

조선 초기의 관료조직 속에서 이른바 잡과산학을 전담하는 기술관리직의 기능이 크게 평가되어 그 위치가 고정되어 감에 따라 중인이라고 불리는 특수한 신분 계층이 나타났다. 그러나 중인 산학자들의 사회가 극히 폐쇄적이었기 때문에 조선의 수학은 발전하지 못하게 된다. 그들 사회의 폐쇄성의 단면으로 그들 자식들의 혼인은 산학자들 사이에서만 이루어졌고 산학자들은 계속해서 그들의 지위를 세습해갔다. 조선의 수학이 발전하지 못한 또 다른 이유로는 수학이 극히 한정된 범위에서만 통용되었

다는 것과 중인이라는 신분상의 이유 때문에 새로운 사실을 공포할 저술을 스스로 삼갔다는 것이다. 마지막으로 그나마 저술된 수학서가 여러 가지 이유로 인하여 없어지고 말았기 때문이다.

간략하게 조선시대의 대표적인 수학자 몇몇을 알아보자. 우선 <묵사집嘿思集>을 지은 경선징이 있으나 그에 관하여 알려진 것은 그가 잡과과거인 중인산사의 합격자 명단에 있었고, 책을 저술했다는 것 이외에는 아무 것도 없다. 아마도 그의 신분이 중인이었기 때문인 것 같다. 그러나 그의 수학적 재능을 짐작하게 하는 기록이 남아있다. 뒤에서 이야기할 최석정은

"서양에는 마테오 리치와 아담 샤알이 유명하고, 우리나라에
는 경선징이 가장 저명하다."

라고 했다.

    조선시대의 또 다른 대표적인 수학자로는 병자호란 때 명제
상인 최명길의 손자로 영의정을 지낸 최석정을 들 수 있다. 그는
수학책 <구수략九數略>을 지었는데 그 책에는 마방진에 관한 것
이 소개되어 있다. 그는 수에 상당한 매력을 느끼고 있었지만 정
수론과 같은 것을 체계적으로 연구하지는 않았다. 그 외에 <구
일집九一集>을 지은 홍정하, 조선조의 이름난 유학자이자 계몽학
자로 <산학입문算學入門>과 <산학본원算學本原>을 지은 황윤석,
<주해수용籌解需用>을 지은 홍대용이 있다. 홍대용은 호를 붙인
<담헌서湛軒書>의 4권에서부터 6권에 걸쳐서 수학 및 천문학을
다뤄 놓았다. 이 이외에도 남병철, 남병길과 이상혁 등이 있다.
    동양수학과 서양수학은 근본사상에서부터 그 차이점을 확실
하게 알 수 있다. 기본적으로 동양은 음양사상이고 서양은 존재

론이다. 수학에 있어서도 동양은 대수학 중심이었고 서양은 기하학 중심이었으며, 수학의 기본 경향 또한 동양은 현실적인 문제를 다루고 있는 반면 서양은 이상적인 것을 다루고 있다. 물론 각각의 기본서적도 동양은 <구장산술>이었고, 서양은 유클리드의 <원론>이었다.

수학이란?(3)

이 이야기는 폴란드의 유명한 수학자인 시에르핀스키에 관한 실
화이다.

어느 날 그는 이사를 가게 되었는데, 그의 부인은 이삿짐을
가지고 나와서 그에게 말했다.

"내가 택시를 잡아올 동안 여기서 짐을 잘 보고 있어요. 트렁
크는 모두 열 개예요."

얼마 후에 부인이 돌아오자 시에르핀스키는 말했다.

"아까 당신이 트렁크가 열 개라고 했는데, 내가 세어 보니까 아홉 개더군."

"아니에요. 틀림없이 열 개예요."

"무슨 소리요. 내가 세어볼게. 0, 1, 2, 3, ..."

 가끔은 모두를 바보로 만든다.

중국을 이긴 수학자

조선시대의 대표적인 특징은 신분제도에 있다. 특히 다른 왕조와는 다른 계층이 있었는데 그것은 소위 중인이라고 불리는 계급이었다. 이들은 역학, 통역(역관), 의학, 지방의 관속, 그리고 산학 등을 하는 사람들이었다. 지금처럼 교육이 잘 보급되지 않았던 그 당시에는 계산한다는 것은 특수한 기술이었다. 조선시대에는 이런 특수한 집단을 선발하기 위하여 과거를 치렀다. 현재 조선의 공인 수학자, 즉 산과의 과거시험 합격자 명단이 기록에 남아 있는데, 그 기록에 의하면 연산군 이후 조선말까지 무려 1,400명에 달하는 수학자가 배출되었다.

　그러나 이들은 조선말이 되면서 거의 세습화되며 결혼도 거의 산학자 집안끼리 하게끔 되었다. 이와 같은 산학자의 집단이 형성되면서 여러 가지 부작용이 따르기도 했지만, 반면에 집안이 모두 수학자이기 때문에 수학 공부를 쉽게 할 수 있다는 장점이 있었다. 그러나 널리 대중에 보급되지 못했다는 점과 특수한 계층만이 수학을 연구했다는 것이 수학을 발전시키는 저해요인이 되었다.

　전형적인 조선의 수학자 중 한 사람으로 홍정하가 있었다. 1684년에 태어난 그는 집안 대대로 수학을 하는 중인이었고, 처갓집까지도 수학을 하는 집안이었다. 조선 성종 16년에 완성되어 공포된 <경국대전>에서 종래의 십학이 의, 역, 율, 음양, 산, 악, 와, 도의 팔학으로 바뀌게 되고 산학에는 다음과 같은 관직을 두었다.

　　산학교수 종6품 1명
　　별제 종6품 2명
　　산사 종7품 1명
　　계사 종8품 2명
　　산학훈도 정9품 1명

　홍정하는 중인 산학자 명단인 <주학입격안>에 그 이름이 올라있고 그가 산학교수를 지냈다는 것이 밝혀졌다. 그는 <구일집>이라는 책을 저술했는데 이 책은 기존의 <구장산술> 등과

같은 여러 책의 수치와 단위 등을 당시의 사회적 실정에 알맞도록 약간씩 바꾸어 놓은 것이다. 최석정이 지은 <구수략>으로부터 겨우 10년이 지난 다음에 엮어진 이 책은 기존의 27개의 문제를 무려 166개로 바꾸어 다뤄 놓았다.

그런데 당시 중국과 조선의 수학은 어떠했을까? 조선과 중국의 수학적인 관계를 알 수 있는 일화가 있다.

1713년 5월 29일 홍정하와 유수석이라는 사람이 마침 사신의 일행으로 조선에 와 있던 중국의 천문관리 하국주를 방문하여 수학에 관해서 이야기를 나누었다. 하국주는 <역상고성曆象考成>의 편집에도 참가했던 당시 중국이 자랑하던 뛰어난 천문학자이자 수학자였다.

홍정하는 워낙 겸손하여 한 수 배우고자 하여 하국주를 찾아갔는데, 하국주는 속으로 '이런 문제를 알겠는가?'라고 얕보며 문제를 냈다.

"360명이 한 사람마다 은 1냥 8전을 낸 합계는 얼마입니까? 그리고 은 351냥이 있습니다. 한 섬의 값이 1냥 5전 한다면 몇 섬을 살 수 있겠습니까?"

"앞의 문제의 답은 648냥이고, 다음 문제의 답은 234섬이 됩니다. 그리고 그 계산은 은 1냥은 10전과 같으므로, 첫번째 문제는 $18 \times 360 = 6480$ 전이 되어 648냥이 되고 두 번째 문제는 $3510 \div 15 = 234$ 로 234섬이 됩니다."

라고 답하였다. 홍정하가 문제를 금방 풀자 다음으로 도형 문제를 냈다.

"크고 작은 두 개의 정사각형이 있습니다. 두 정사각형의 넓이의 합은 468평방자이고, 큰 정사각형의 한 변은 작은 쪽의 한 변보다 6자만큼 깁니다. 두 정사각형의 각 변의 길이는 얼마가 되겠습니까?"

"큰 정사각형은 한 변의 길이가 18자이고, 작은 정사각형은 한 변의 길이가 12자가 됩니다."

라고 홍정하와 유수석 두 수학자가 모두 풀었다. 모두 정답을 맞추자 또 다른 중국 사신인 아제도가 홍정하를 얕보며 하국주의 체면을 살리려고 다음과 같이 말했다.

"하국주께서는 계산에 대해서는 천하의 실력자요. 이 분의 수

학에 대한 조예는 깊기가 한량이 없소. 여러분 따위는 도저히
견줄 바가 못되오. 하국주께서 많은 문제를 물었으니 이번에
는 여러분이 이분에게 문제를 내 보시지요."

그래서 이번에는 홍정하가 하국주에게 문제를 냈다.

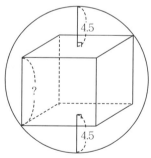

"여기 공 모양의 옥이 있습니다. 이것에 내접한 정육면체의 옥을 빼놓은 껍질의 무게는 265근이고, 껍질 중 가장 두꺼운 부분의 두께는 4치 5푼입니다. 옥의 지름과 내접하는 정육면체의 한 변의 길이는 각각 얼마입니까?"

이 질문에 하국주는 한참을 고민하더니 이렇게 말했다.

"이것은 아주 어려운 문제요. 당장은 풀지 못하지만 내일은 반드시 답을 주겠소."

그러나 하국주는 끝내 답을 내지 못했다. 사실 이 문제는 구의 부피를 계산하는 문제였다.

그 후 그들은 다시 만났고, 홍정하는

"당신이 지참한 서적 중에서 우리에게 전해줄 수 있는 것이 있습니까?"

라고 했더니 하국주는 자신이 저술한 <구고도설句股圖說>이란 책을 보여주었다. 이 책은 피타고라스의 정리를 이용하여 푼 문제들이 수록된 것이었다.

　중국의 하국주와 조선의 홍정하가 겨룬 한 판에서 작은 나라의 홍정하가 이길 수 있었던 것은 산목 덕분이었다. 그는 산목을 이용하여 어려운 방정식을 척척 풀었던 것이다. 당시 중국에서는 이미 소멸되어 버린 산목이 조선에는 그대로 보존되어 있었다. 후에 하국주가 중국으로 돌아갈 때 이것을 40여 개 얻어

가지고 돌아갔다. 사실 중국에서는 위와 같은 문제를 취급했던 산학의 명저 <산학계몽算學啓蒙>마저 없었고, 후일 그것을 입수하려고 했을 때 한국 산학이 없었다면 동양수학의 명맥이 끊어졌을 것이라고까지 말할 정도였다.

이들의 대화에는 삼각함수에 관한 것이 나오지만 너무 길기 때문에 여기에서는 생략한다. 그러나 그때까지 한국 수학계에는 삼각함수법이 전래되지 않았지만 중국의 수학자들은 천주교 신부들에 의해서 이미 그 내용을 알고 있었다는 사실은 그들의 대화로부터 알 수 있다. 그리고 조선의 수학자들이 이 새로운 지식을 얻어내기 위하여 얼마나 노력하고 있었는지도 알 수 있다. 참으로 대단한 조상이고 민족이다.

　　홍정하와 유수석 이외의 조선 후기 수학자로는 문과에 급제하고 큰 벼슬을 한 남병길이 있다. 그는 <시절기요>, <성경>, <성도의도설>, <태양실누표>, <측량도해>, <구고술도요해>, <산학정의>, <구장술해> 등등 방대한 저술을 하였다. 또 다른 인물로는 천문대 관리직에 있던 중인인 이상혁이 있었다. 그는 <규일고>, <익산>, <차근방몽구>, <산술관견> 등의 책을 저술했다.

　　이와 같이 많은 훌륭한 수학자가 있었는데 한국 수학이 발전하지 못한 이유는 무엇일까? 그 이유는 한국의 수학은 논리 없는 직관에 의하여 얻어진 것이기 때문인데, 이는 동양의 논리 경시 풍조에서 비롯된 것이었다.

김삿갓 방랑기

"수학은 개인의 천재성에 크게 영향을 받는다. 그러나 사회의 묵시적인 승인이 있어야 반영된다. 수학의 전개형식은 인문주의적이지만 그 응용에 있어서는 과학 기술적이다."

이 말은 데이비스와 허쉬가 지은 <수학적 경험The Mathematical Experience>에 나온다. 이 책에서 저자들은 전문 수학자인 아들러의 수학에 대한 견해를 다음과 같이 소개하였다.

"수학의 창조자가 느끼는 기쁨과 평화로움 그리고 자신감은 이 세상 어느 것에도 비교할 수 없는 것이다. 또한 위대하고 새로운 수학적 구조는 불멸의 승리이다."

이처럼 새로운 것을 만들어낸다는 것은 매우 큰 기쁨이자 아름다움이다. 이와 같은 이유로 종종 수학과 문학은 같은 부류로 취급하기도 한다. 수학과 문학은 많은 면에서 공통점이 있다. 사실 문학에 뛰어난 소질을 가진 수학자들이 자연과학의 다른 분야에 비하여 훨씬 많다. 예를 들면, <팡세>를 쓴 파스칼과 노벨 문학상을 수상한 러셀이 그러했다. 또한 불변식론의 실베스터도 시를 즐기던 수학자였다.

우리 민족의 경우 관료가 되기 위한 과거제도에도 시가 필수였고, 각종 생활 현장, 심지어 술을 먹는 자리에서까지 시를 즐겼다. 특히 과거의 기생들은 모두 여류 시인이었다. 또한 소설

속의 인물이지만 시 한 수로 탐관오리를 꾸짖은 춘향전의 이 도
령까지 우리 민족에게 있어서 시란 생활이었다. 그래도 가장 세
속적인 시인하면 바로 김삿갓을 들 수 있다.

방랑시인 김삿갓!

그는 대동강 물을 팔아먹은 봉이 김선달과 함께 우리 민족
의 영원한 해학으로 기록될 것이다. 그의 원래 이름은 김병연이
다. 그는 조선말에 선비집안에서 태어나 과거에 급제하였으나 집
안이 역적으로 몰려 가정과 관직을 버리고 평생을 삿갓을 쓰고
방랑하며 살았던 실존 인물이다. 그리고 그의 호방하고 재치 있
는 시는 우리에게 널리 알려져 있다. 또한 얼마 전에는 소설로
그의 일생이 그려지기도 했다. 여기서 <소설 김삿갓>에 나오는
그의 시 중에서 수와 관련된 몇 편을 알아보자.

그 전에 우선 필자가 가장 좋아하여 강의시간에 가끔씩 학
생들에게 알려주는 시를 먼저 소개한다. 이 시는 김삿갓이 어느
마을 훈장의 딸 홍련을 사모하여 그녀에게 보낸 편지의 내용과,
그녀의 답을 한 편으로 엮은 것이다. 우리 조상들의 연애편지인
셈이다.

樓上相逢 視目明 (누상상봉 시목명)
有情無語 似無情 (유정무어 사무정)

정자에 올라 그대를 만나 맑은 눈을 바라봅니다.
서로 사랑하지만 그 말을 하지 않으니 꼭 사랑하지
않는 듯합니다.

花無一語 多情蜜 (화무일어 다정밀)
月不踰牆 門深房 (월불유장 문심방)

아름다운 꽃은 말이 없어도 향기롭고 맛있는 꿀이 가득합니
다.
달빛은 비록 담에 걸려 있어도, 그 밝은 빛은 방안에 가득합
니다.

　그의 한시 중에는 수를 사용한 것이 많이 있다. 여기서 몇
편을 살펴보자.
　우선 무한과 관련한 시이다. 물론 그가 무한의 본질을 알고
이 시를 썼는지는 알 수 없다. 그러나 불교에서도 무한의 개념을
구체적으로 논의하기보다는 인간의 무지를 일깨우려는 생각으로

'항하사(10^{52})'라든지 또는, '무량대수(10^{68})' 같은 큰 수를 사용한 것과 같이 아마도 김삿갓은 무한으로 인간의 감성을 자극하려고 했던 것 같다. 어쨌든 김삿갓의 발상은 칸토어의 무한론의 발상과 일치하고 있다. 이제 그의 시 한편을 들어보자.

一峯二峯 三四峯 (일봉이봉 삼사봉)
五峯六峯 七八峯 (오봉육봉 칠팔봉)
須臾更作 千萬峰 (수유갱작 천만봉)
九萬長天 都是峯 (구만장천 도시봉)

하나 둘 셋 네 봉우리
다섯 여섯 일곱 여덟 봉우리

잠깐 사이에 천만 봉우리로 늘어나더니
온 하늘이 모두 구름 봉우리로다

구름의 속성상 한 조각의 구름이 무한의 구름이 될 수 있다. 즉, 구름을 소재로 무한을 생각하고 있는 김삿갓의 수학적 재치가 넘치는 시이다.

이제 일대일 대응에 관한 그의 기발한 시를 한 편 소개하겠다. 이 시는 어떤 사람의 회갑연에서 지은 시로 만수무강을 기원하는 내용이다. 이 시의 소재는 모래알인데, 인류 역사상 가장 위대한 고대인인 아르키메데스는 지구상의 모래알의 수에 대하여 다음과 같이 말했다.*

"지구상의 모래알의 개수는 유한하며, 그 개수는 '제 7의 옥타드 천 단위'수인 10^{51} 보다 적다."

그러나 김삿갓은 이 세상의 모래알의 수를 무한으로 보고 그 개수를 세는 방법을 칸토어가 무한집합의 개념을 만들 때 사용한 '일대일대응'의 원리를 사용하고 있다.

可憐江浦望 (가련강포망)
明沙十里連 (명사십리연)
令人個個捨 (영인개개사)
共數父母年 (공수부모년)

---

* 〈웃기는 수학이지 뭐야!〉 참고

강에 나와 그 경치를 살펴보니
유리알 같은 모래가 십리에 걸쳐 있구나
모래알을 일일이 세어보니
그 수가 부모님의 연세와 같구나

비록 김삿갓이 알고 있었던 모래알의 수는 틀리지만, 이 시에 나타나 있는 것과 같이 그는 이미 일대일대응 규칙으로 무한을 계산하고 있었다. 김삿갓은 여기에 소개된 것 이외에도 많은 시를 숫자와 연관지어 지었다. 그 중에서 반복적인 수법으로 재미있게 구월산의 경치를 표현한 것이 있다.

去年九月 過九月(거년구월 과구월)
今年九月 過九月(금년구월 과구월)

年年九月 過九月(연연구월 과구월)
九月山光 長九月(구월산광 장구월)

지난해에도 구월산에 구월에 왔고
올해에도 구월산에 구월에 왔네
해마다 구월산에 구월에 오니
구월산의 경치는 언제나 구월이로구나

　김삿갓의 시에서도 볼 수 있듯이 우리 민족의 학문에 대한
정서는 논리보다는 가슴으로 느끼는 학문이었다. 물론 이와 같은
사고방식이 수학과 과학을 연구하는 데 있어서는 큰 장애가 되
었고 실제로 이러한 것이 우리나라와 동양의 수학이 발전하지
못했던 이유 중 하나이다.

마지막으로 조선시대 평양의 유명한 기생이었던 사람의 시 한편을 소개하고 마친다. 그러나 불행히도 그 기생의 이름은 기억이 나질 않는다. 이 시는 떠난 님을 기다리는 조선시대 여인네의 마음을 잘 표현한 것 같아 가끔 학생들에게 소개해 주고 있는 시이다.

　　　夜夜相思 到夜深(야야상사 도야심)
　　　東來瓊月 兩鄕心(동래잔월 양향심)
　　　此時離恨 無人識(차시이한 무인식)
　　　孤倚山亭 淚不禁(고의산정 누불금)

　　　밤마다 님 생각에 밤이 깊은 줄 모르는데
　　　동쪽의 저 옥 같은 달은 님에게도 비추겠지
　　　님과 이별한 슬픔을 알아주는 사람은 없고
　　　홀로 정자에 오르니 눈물이 마르질 않는구나

수학이란? (4)

수학자, 물리학자, 통계학자 이렇게 세 명이 여행을 하고 있었다.
    그들은 아프리카를 여행하던 중 검은 색의 사자를 보게 되었다. 그들은 여행 중에 겪은 일에 대한 보고서를 쓰게 되었다.

통계학자 : 검은 색 사자를 보았지만 오차가 0.0001 이내이므로
    무시해도 좋다.

물리학자 : 아프리카에 검은 색의 사자가 살고 있다.

수학자 : 아프리카 어딘가는 검은 색을 띤 사자가 적어도 한 마리 존재한다.

 비록 하나라도 버리지 않는다.

사무라이는 수학을 배우지 않는다

동양수학 중에서 일본수학은 중국과 우리나라와는 다른 방향으로 발전하였다. 여기서는 일본의 독특한 수학에 대하여 소개한다.

고대 한·일의 문화교류는 많은 역사책에서 찾아볼 수 있다. 이 중에서 300년경에 일본에 건너간 아직기, 왕인 등의 후손이 일본 조정의 역사 기록관인 '후이또(火)'의 지위에 있었다. 이들이 일본의 역사를 기록하기 위해서는 몇년, 몇월, 몇일 등의 날짜를 알아야 했고, 당연히 역曆에 관한 지식이 필요했을 것이다. 사실 우리 조상들은 일찍부터 역법과 각종 문물들을 일본에 전해주었다. 그 결과 604년에 비로소 일본에 고대국가가 출현하게 된다. 기록에 의하면 701년에 고대국가 건설이 거의 완성 단계에 이르렀다고 한다. 한반도로부터 수용된 문명과 과학은 이때를 계기로 중앙집권적 율령국가의 위용을 갖추기 위한 기초와 수단이 되었고, 여러 가지 문물제도와 함께 대륙으로부터 직접 수입도 시작되었다. 그러나 대륙으로부터의 전래보다는 백제와 신라의 문물이 대부분이었다.

당시 일본의 산학 교과서로는 <손자산경>, <오조산경>, <구장산술>, <해도산경>, <주비산경>이 있었고, 또한 당의 제도에는 없는 <육장>, <삼개>, <구장>도 있었다. 이것은 백제의 산학제

도에 있었던 것이었다. 또한 <육장>과 <삼개>는 통일신라의 산학제도에도 나타나고 있다. 이와 같은 사실로부터 백제의 수학이 일본과 신라 양쪽에 전파되었다는 것을 알 수 있다.

아무튼 일본의 수학은 정확하게 말해서, 1603년부터 1860년까지의 '에도시대'에 비로소 정착하게 된다. 일본의 수학이 독창적인 발전을 하게 된 것은 쇄국 이후의 일이다. 하지만 고대의 율령 정치체계 아래서 한때 중국 수학을 도입한 이후, 중세까지 거의 불모의 상태에 놓여 있었던 수학이 임진왜란 이후에 갑자기 나타난다. 이처럼 갑작스러운 수학의 출현에는 몇 가지 중요한 이유가 있다.

첫째, 지방 분권적인 영주 중심의 통치체계 아래서 전술·전략상의 필요에 따라서 축성술과 관련된 정밀한 설계와 측량이 요구되었기 때문이다. 그리고 둘째로 도시건설과 행정상의 필요성 때문이다. 이밖에 산업과 상업에서 필요하게 되었고 특히, 상

인 사회에서의 주산의 보급은 그 좋은 보기이다. 그러나 영주가
다스리는 각각의 영토에서 경영하는 교육기관에서는 수학은 별
로 다루지 않았다. 일본의 독특한 계급 중 하나인 무사계층 중에
는 다소 수학 지식을 필요로 하는 직종이 있기는 하였으나, 고도
의 수학을 필요로 하는 것은 아니었다. 일반적으로 하급무사들에
게 간단한 셈을 가르친 경우가 더러 있었을 정도이다. 당시 일본
인들은 수학에 대하여

> "산술을 배우는 자는 극히 적을 뿐만 아니라 천한 기예라고
> 멸시하고, 무사는 이것을 배우는 것을 부끄럽게 여긴다."

라고 적고 있다.

　이와 같은 사회적인 바탕 위에서 일본 특유의 수학 '화산和算'이 발달했다. 이것은 근대 일본에서 가장 독자적인 지식체계로 발달한 것이다. 사회적 수요와는 무관한 일종의 지적 유희의 성격을 띤 화산은 중국과 한국 수학과는 내용과 방법에서 다른 점이 많다. 즉, 중국과 한국의 수학은 실용적인 반면, 일본의 수학은 소위 '수학을 위한 수학'이었다.

　화산은 소위 '지적 유희'로서의 산술이었다. 즉, 다른 어떤 쓸모를 위해서가 아니라 오직 그 자체를 위해서 수학을 연구하는 것이었다. 따라서 화산은 과학이라기보다는 기예에 속하는 것이었다.

　중국과 한국의 수학이 그러했듯이 일본의 수학도 증명은 없었다. 따라서 화산의 경우도 논리적 체계가 없었음은 당연하다.

어쨌든 화산은 계산에 뛰어난 기교를 발휘하게 되고, 이것이 오늘날까지 내려와 보통 일본의 수학문제는 현실성이 떨어지며 매우 어렵다. 또한 이 화산의 영향으로 현대의 일본인들은 정년퇴임 한 후에도 수학문제 만들기와 수학문제 풀이를 여가로 즐긴다고 한다.

일본 최초의 수학책은 <할산서割算書>이다. 이 책은 모오리가 지은 것이고, 그의 제자인 요시다는 일본의 수학책 중 가장 유명한 <진겁기塵劫記>를 저술하였다. 이 책은 '주판의 책'이라고 불리던 책으로 1592년 중국의 정대위가 지은 <산법통종算法統宗>을 바탕으로 엮어졌는데, 완전히 일본식 스타일로 바뀌었을 뿐만 아니라 내용이 풍부하고 표현도 쉬웠으므로 수학입문서로서는 매우 훌륭한 것이었다. 이 때문에 가짜 <진겁기>까지 나올 만큼 인기를 모았으며, 실제로 가짜 진겁기는 4백여 종이나 되었다고 한다. 이 책이 인기가 있었으므로 진짜 진겁기의 저자가 살아있는 동안에 이미 여러 판을 거듭하였고, 그 때마다 내용이 조금씩 수정되었다.

어쨌든 상, 하권으로 된 이 책의 상권에서는 명수법, 곱셈, 나눗셈과 일상 생활에 필요한 간단한 계산문제로부터 급수, 제곱근, 세제곱근, 닮은꼴, 기울기, 구의 부피, 측량 등을 다루고 있다. 하권에서는 오락과 흥미 본위의 문제들을 취급하고 있다. 이 책은 또한 곳곳에 큼직한 삽화가 있어서 독자의 흥미를 자극하도록 꾸며 놓았다. 이 후 일본의 수학책에는 흥미 위주의 그림이 많이 그려진다. 어떤 것은 마치 만화책과 같은 것도 있었다고 한다.

이제 일본의 가장 유명한 수학자 세끼(關孝和)에 대하여 간단히 알아보자. 그는 일본 수학사에서 첫 번째로 꼽히는 수학자이며 화산의 기틀을 닦은 '산성算聖'으로 지금도 추앙 받고 있다. 그는 하급무사였지만 수학에 관한 연구는 실로 뛰어난 것이었다. 그는 6살 때 이미 어른들의 산목 셈을 보고 그 잘못을 지적했던 신동으로 알려져 있다. 그는 <발미산법發微算法>이라는 책에서 그가 창안한 '텐소(점찬술點竄術)'를 소개하였다. 텐소는 문자를 이용하여 식을 표현하는 것으로 현대의 대수학과 같은 것이었다. 이 사실로부터 그가 공부하고 연구한 것으로 전해지는 중국 수학책은 사실은 조선에서 제작된 <산학계몽算學啓蒙>이었던 것으로 추정된다.

그는 많은 책을 저술했으며, 그의 업적 중에서 행렬식에 관

한 것이 가장 유명하다. 세끼의 행렬식에 관한 연구는 <해복제지법解伏題之法>이라는 필사본에 실려 있다. 이 책이 쓰여진 정확한 연대는 알려져 있지 않지만, 1683년에 쓰여진 것으로 추정하고 있다. 이 책에 나타나는 행렬식은 현재 우리가 고등학교와 대학교에서 사용하고 있는 Sarrus의 방법과 일치한다. 이것 이외에 <원리圓理>란 것이 있다. 처음에 원리는 극한을 바탕으로 한 원이나 구에 관한 산법을 뜻하였으나, 나중에는 타원 및 곡선으로 둘러싸인 도형의 넓이, 호의 길이, 입체의 부피, 표면적의 계산 등을 뜻하게 되었다. 또한 그가 남긴 논문의 첫 머리에 원주율에 관한 계산이 나온다. 이 방법은 원에 내접하는 정다각형을 차례대로 그려서 그 둘레의 길이를 셈하는 것이다. 이와 같은 방법은 아르키메데스가 처음 사용한 '고전적인 방법'과 같은 것이었다.

정사각형

정8각형

정16각형

원에 내접하는 정 다각형 그림

　　여담으로 일본은 우리를 많이 연구한다고 하는데 그에 비하
여 우리는 일본에 관한 연구를 너무 소홀히 하는 것 같다. 손자
병법에 다음과 같은 말이 나온다.

　　"知彼知己면　百戰不殆하고　不知彼而知己면　一勝一負하며
不知彼不知己면 每戰必敗니라."

이 뜻은 다음과 같다.

"적을 알고 나를 알면 백 번 싸워도 위태하지 않고, 적을 알
지 못하고 나를 알면 한 번 이기고 한 번 지며, 적을 알지 못
하고 나도 알지 못하면 싸울 때마다 반드시 패한다."

어쨌든, 우리는 이웃 나라 일본에 좀 더 관심을 가질 필요가 있다.

디지털 부채도사

동양수학과 서양수학의 차이는 무엇일까? 앞에서 여러 번 밝힌 바와 같이 동양과 서양의 수학은 그 기본 사상에서부터 다르다. 동양은 음양사상이, 서양은 존재론이 기본이었고 수학에 관한 학문의 종류도 동양은 음양수학, 즉 대수학 위주였고 서양은 기하학이 중심이었다. 수학의 기본 서적으로는 동양은 <구장산술>, 서양은 유클리드의 <원론>이었다. 또한 수학의 기본 경향은 동양은 다분히 현실적인데 비하여 서양의 수학은 이상적이었다. 서양 사상의 기본이 되는 존재론은 존재하는 근본적인 것이 무엇인가를 따지는 사상이며, 그리스인들은 기하학의 근원이 몇 개의 공리계임을 믿고 기하학을 전개했던 것이다. 따라서 그들의 기하학의 정의는 현실적이지 못했다. 예를 들어, '점이란 크기가 없다' 또는 '직선이란 두 점을 최단 거리로 잇는 것으로 폭이 없다' 등은 어디까지나 인간이 생각하는 이상적인 '점'과 '직선'인 것이다.

동양의 음양사상을 수학적으로 소개한 사람은 라이프니츠이다. 그는 음양사상을 0과 1로 바꾸어 2진법으로 동양철학을 이해하려 했다. 사실 라이프니츠는 천부적인 낙천주의자였다. 일생동안 여러 종교를 하나의 일반적인 교회로 재결합시키려는 희망을 가졌을 뿐만 아니라 2진법을 이용하여 당시의 중국을 기독교화하는 방법을 찾으려고 노력하였다. 신을 1로, 무無를 0으로 나타낼 수 있다고 생각하고, 2진법에서 모든 수가 0과 1로 표현되는 것과 같이 신은 무로부터 모든 것을 창조했다고 추측하였다.

여기서 2진법에 관하여 간단하게 알아보자. 오늘날 많이 사용되고 있는 컴퓨터는 0과 1로 모든 명령을 수행한다. 컴퓨터는 아무리 복잡하고 난해한 명령을 내려도 그 내용을 모두 '참' 아니면 '거짓'으로 수행한다. 컴퓨터는 '참'이면 1로 '거짓'이면 0으로 받아들여서 정보를 처리하는 것이다. 사실 이것이 요즘 시대를 주도하는 디지털(digital)이다.

그렇다면 2진수는 과연 어떤 수인지 간단한 알아보자. 우리가 현재 사용하고 있는 십진법은 자리가 하나씩 올라감에 따라 자리의 값이 10배씩 커진다. 예를 들어

$$347 = 3 \times 10^2 + 4 \times 10 + 7 \times 1$$

과 같이 나타낼 수 있다. 이와 마찬가지로 이진법은 자리가 하나
씩 올라감에 따라 자리의 값이 $1, 2, 2^2, 2^3$ 으로 2배씩 커진다.
예를 들어 이진법으로 나타낸 수 $11011_{(2)}$ 는

$$11011_{(2)} = 1 \times 2^4 + 1 \times 2^3 + 0 \times 2^2 + 1 \times 2 + 1$$

이므로 이 수는 십진법으로 27과 같은 수이다. 사실 이 책을 출
판한 경문사의 자매출판사 이름인 '일공일공일'은 $10101_{(2)}$ 이고,
십진법으로는 21이다. 즉, 21세기를 상징하는 것이라 한다.
　　동양의 음양사상이 현실적으로 가장 잘 접목되어 복잡한 수
학적 해석을 필요로 했던 학문은 아마도 <주역周易>일 것이다.

<주역>은 '사서삼경' 중의 하나로 우주 만물의 오묘한 변화를 수학적으로 풀이해 놓은 책이다. 여러 종류의 역易서 중 '주' 시대에 쓰여진 '역'이 바로 <주역>이다. 이것은 음과 양 두 가지의 적당한 조합에 의하여 우주를 살피려는 동양인의 지혜가 숨겨져 있는 책이다.

　일설에 의하면 <주역>을 천 번 읽으면 도道가 통한다는 말이 있다. 우스운 이야기지만 사실 필자도 도를 통하기 위하여 대학에 다닐 때, <주역>을 천 번 읽기로 마음먹고 한 동안 그 책을 끼고 산 적이 있었다. 그러나 불행히도 몇 번밖에 읽어보지 못했다. 만약 천 번을 읽었더라면 세상의 이치를 모두 깨우쳤을 텐데 아쉬움이 남는다.

　이제, 흔히들 사주팔자라고 하는 것에 대하여 간단하게 알아보자. 사주팔자가 무엇인가를 알기 위하여 먼저 음양오행을 알아

야 한다. 음양오행은 말 그대로 '음'과 '양' 그리고 '오행'중 '오'는 수水, 화火, 목木, 금金, 토土의 다섯 가지를 말하며 '행'은 이 다섯 가지가 쉬지 않고 움직여 삼라만상과 인생 여정에서 길흉화복을 변하게 하는 요소가 된다는 것이다. 사실 오행사상은 수학의 5진 법이라고 할 수 있다.

오행은 스스로 작용하여 나무는 불을 살리고, 불은 타고나면 재가되어 흙土이 된다. 흙은 오랫동안 눌리고 다져져서 돌이 되고 다시 쇠金가 되며, 돌이나 쇠가 있으면 차가운 기운이 생기고 이 기운으로 이슬과 같은 물水이 생긴다. 또한 물이 있어야 나무木가 자랄 수 있다.

음과 양 두 개의 기본 요소에 의하여 사방四方이 생기고, 8 괘八卦가 된다. 8괘는 건(乾, ☰), 태(兌, ☱), 이(離, ☲), 진(震, ☳), 손(巽, ☴), 감(坎, ☵), 간(艮, ☶), 곤(坤, ☷)이다.

여기서 ─은 양, --은 음을 나타낸다. 이 중에서 건, 이, 감, 곤은 우리나라 태극기에 나타나 있다. 이와 같은 8괘를 ─은 1로, --은 0으로 표현하여 이진법으로 바꾼다. 즉, 건은 ☰ 이므로 $1 \times 2^2 + 1 \times 2 + 1 = 7$ 이고, 태는 ☱ 이므로 $1 \times 2^2 + 1 \times 2 + 0 = 6$ 이며, 이는 ☲ 이므로 $1 \times 2^2 + 0 \times 2 + 1 = 5$ 이다. 이와 같은 방법으로 나머지가 차례대로 4, 3, 2, 1, 0을 나타낸다는 것을 알 수 있을 것이다.

어쨌든, 8괘가 다시 64가 되고, 다시 $64 \times 64 = 4096$가 되며, $4096 \times 4096 = 16,777,216$개의 수리數理가 나타나게 된다. 여기에 소위 천간天干과 지지地支가 있어 이들 사이의 오묘한 조화를 수리로 풀은 것이 소위 말하는 '사주팔자'인 것이다. 천간과 지지는 각각 갑(甲), 을(乙), 병(丙), 정(丁), 무(戊), 기(己), 경(庚), 신(辛), 임(壬), 계(癸)와 자(子, 쥐), 축(丑, 소), 인(寅, 호랑이), 묘(卯, 토끼), 진

(辰, 용), 사(巳, 뱀), 오(午, 말), 미(未, 양), 신(申, 원숭이), 유(酉, 닭), 술(戌, 개), 해(亥, 돼지)로 천간의 첫 글자인 갑자와 지지의 처음 글자인 자를 시작으로 차례대로 진행하여 육십 개가 조합된 것을 '육십갑자' 또는 '육갑'이라고 한다. 우리가 흔히 환갑環甲 또는 회갑回甲이라고 하는 만으로 60번째 생일은 이런 의미에서 처음으로 돌아온 것이므로 1 갑자라고 한다. 이는 바로 10진법의 천간과 12진법의 지간을 이용하여 60진법을 만들어낸 것이다. 10개의 천간과 12개의 지간이 60을 이루는 것은 10과 12의 최소공배수가 60이기 때문이다.

앞에서 말한 바 있지만 동양수학의 근본은 서양의 이상적인 수학과는 달리 이와 같은 일상생활 자체에서 나온 것이다.

사주에 대하여 간단하게 이야기해 보자. 사주四柱란 네 개의 기둥을 말하며 어떤 사람이 태어난 년, 월, 일, 시의 천간과 지지가 결합하는 네 개의 조합이다. 이것은 모두 여덟 개로 구성되며 따라서 '사주'와 '팔자'가 태어나는 순간 결정되는 것이다. 간혹 사주를 잘못 이해하고 있는 사람이 있는데, 사람이 태어날 때는 인간의 자유의사대로 태어나는 것은 아니다. 즉, 소위 말하는 '제왕절개'로 태어나는 경우는 엄격히 말해서 자연 상태의 출생이 아니므로 그 사람은 정확한 사주팔자를 얻을 수 없다. 따라서 좋은 사주팔자를 갖게 하기 위하여 제왕절개를 하는 것은 도리어 그 사람의 과거와 현재 그리고 미래를 잃어버리는 꼴이 된다.

사주는 여덟 개의 요소로 구성되어 있는데, 각 천간과 지간에 붙은 음양과 오행을 알아보면 다음 그림과 같다.

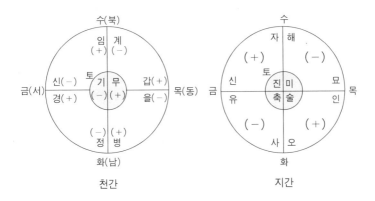

예를 들어 갑은 양목이며 이는 큰 나무와 오래된 나무를 뜻한다. 그리고 을은 음목이므로 작은 나무와 새로 피어나는 나무 등으로 해석하면 된다. 또한 양토는 부드러운 흙을, 음토는 물기를 먹고 있는 흙을 상징하고, 옛날부터 흙은 토지 즉, 재산을 의

미하기도 한다. 또한 각 동물들은 나름대로 특색이 있는데 이러한 특색이 그대로 인간에게 적용되는 것이다. 특히, 동물들 중에는 서로 잘 어울리는 동물도 있고 그렇지 않은 동물이 있는데 이들을 소위 '삼합'과 '원진'이라고 한다. 말 그대로 삼합은 좋은 것이고 원진은 좋지 않은 것이다. 즉, 사주에 삼합인 동물이 들어 있으면 좋은 사주이고, 원진이 있으면 좋지 않은 것이다. 삼합은 돼지, 토끼, 양이 하나, 호랑이, 말, 개가 하나, 뱀, 닭 소가 하나, 원숭이, 쥐, 용이 하나다. 원진은 두 가지씩 짝지어지는데, 쥐와 양(쥐는 양의 배설물을 싫어한다), 소와 말(소는 말의 게으름을 싫어한다), 호랑이와 닭(호랑이는 닭의 울음을 싫어한다), 토끼와 원숭이(토끼는 원숭이 궁둥이를 싫어한다), 용과 돼지(용은 돼지의 코를 싫어한다), 뱀과 개(뱀은 개 짖는 소리를 들으면 허물을 벗다가 죽는다) 등이다. 소위 말하는 '원진살'은 없는 것이 좋다. 이 원진은 남녀의 궁합을 보는 기본이 된다.

사주에는 가족관계, 자신의 건강상태 등도 들어 있다. 사주

운명은
개척하는자의
것이다.
그그…그렇다!

부채도사

에서 연주年柱의 천간은 할아버지이고 지지는 할머니이다. 월주月柱에서 천간은 아버지이고 지지는 어머니이며, 일주日柱에서는 본인과 본인의 배우자를 말한다. 그리고 마지막의 시주時柱는 아들과 딸을 나타낸다. 신체와 비교하면 연주는 머리, 월주는 가슴, 일주는 배, 시주는 하체를 나타내고 연주와 일주는 양을, 월주와 시주는 음을 나타낸다. 또한 오행은 내장과 비유되는데 목은 간장, 화는 심장, 토는 장, 금은 폐, 수는 신장을 나타내며 그 개수가 두 개가 적당하나 그 이상이거나 부족하면 해당되는 장기가 약하거나 나빠질 수 있다.

이런 모든 요소들의 작용에 의하여 인간의 길흉화복이 결정된다는 것이 동양의 운명론이고 현재에도 많은 사람들이 이와 같은 운명론을 믿고 있다. 그러나 역易이라 함은 '변한다'라는 뜻

이다. 즉, 자신의 노력으로 얼마든지 운명을 바꿀 수 있다는 의미이다. 그러니 이 글을 읽는 독자들은 자신의 운명을 개척하기 위해 부단히 노력하기 바란다.

　앞에서 살펴본 바와 같이 사주팔자에는 2진법, 5진법, 10진법, 12진법 그리고 60진법이 모두 사용되고 있다. 우리 선조께서는 서양의 그들보다 훨씬 뛰어난 수학적 감각으로 인류가 만들어 사용한 모든 진법을 자유자재로 사용하고 있었던 것이다. 이런 사실에 우리는 자부심을 가져야 할 것이며, 우리의 문명과 문화가 서양의 어느 것 보다 뛰어나다는 것을 믿어도 된다.

수학이란? (5)

어느 수학 교수가 학생들이 참고하라고 옛날 리포트를 연구
실에 모두 보관하고 있었다. 그 교수의 강의를 듣는 학생 중
하나가 리포트를 쓰기 싫어서 교수의 연구실에서 A^+ 학점을
받은 리포트 하나를 훔쳤다. 그리고 그것을 그대로 베껴서
제출했다.

그 학생의 리포트 성적은 물론 A$^+$이었고, 그 교수의 평이
적혀있었다.

　　"이 리포트는 내가 학부 때 냈던 것인데, 지금 봐도 너무 잘
썼군."

 훌륭한 수학은 영원하다.

귀신 물리치기

n차 마방진이란 가로줄과 세로줄이 각각 n개이고 1부터 n^2까지 자연수를 꼭 한번씩 사용하여 가로줄과 세로줄 그리고 대각선 방향의 합이 모두 같도록 만들어진 것이다. 이와 같은 것을 '마방진魔方陣'이라 이름 붙인 이유는 옛날 사람들이 이것을 대문에 붙여 놓으면 나쁜 마귀가 밤새워 그 문제를 해결하느라고 집 안에 들어올 수 없다고 여겨서 나쁜 마귀를 물리치는 부적으로 여겼기 때문이다. 또한 유럽에서도 점성술사들은 이것을 은판에 새겨서 부적으로 이용하였다.

중국에는 오래 전부터 마방진에 관한 전설이 전해오고 있다. 지금으로부터 약 4000년 전 중국 하 나라의 우왕 시대의 일이다. '낙수'라는 지역의 '낙강'이 넘치는 것을 막기 위해 공사를 하고 있던 중, 강 한복판에 커다란 거북이 한 마리가 나타났다. 사람들은 모두 놀라 거북이를 자세히 살펴보았다. 그런데 거북이 등에 신비한 무늬가 새겨져 있었다. 이를 이상하게 여긴 사람들은 거북이 등에 있는 무늬를 해석해 보려고 숫자로 나타내 보았다.

```
4   9   2
3   5   7
8   1   6
```

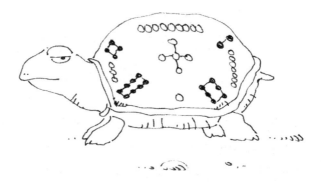

　　위의 숫자 표에서 알 수 있듯이 가로줄, 세로줄, 대각선 위의 숫자들의 합이 모두 15가 된다는 것을 알 수 있다. 이것은 우리에게는 하나의 숫자놀이에 불과하지만, 옛날 중국 사람들에게는 매우 중요한 의미가 있었다. 동양사상의 기본 사상은 음양오행설인데, 거북이 등에 있는 숫자들은 바로 오행에 관한 것이었기 때문이다. 위에서 주어진 3차의 마방진을 오행설로 다음과 같이 해석한 것이다.

3차의 마방진을 다음 그림과 같이 숫자를 묶어서 생각해 보자. 그러면 (7, 2), (9, 4), (6, 1), (8, 3), (5, 0)은 모두 두 숫자의 차가 5인 것이다. 이것을 수학적으로 표현하면 5를 법으로 하는 잉여류 집합의 원소이다. 즉, $7 \equiv 2 \pmod 5$이고, $9 \equiv 4 \pmod 5$이고, $8 \equiv 3 \pmod 5$이고, $6 \equiv 1 \pmod 5$이며, $5 \equiv 0 \pmod 5$이다. 그러므로 3차의 마방진은 오행설의 입장에서는 이상적인 수표가 된다. 실제로 옛날 중국에서는 이 표를 이용하여 달력을 만들었다고 한다.

4	9	2
3	5	7
8	1	6

이 신비한 마방진은 유럽으로도 건너가 'magic square'란 이름으로 통용되었다. 3차에서 출발하여 다양한 종류가 있는 마방진은 우리나라에서는 1275년 중국의 양휘가 지은 <양휘산법楊輝算法>이라는 책을 통하여 소개되었다. 이것은 당시의 우리나라 수학자들에게 재미있는 문제의 하나로 여겨졌다. 그 중에서도 병자호란 때의 명재상 최명길의 손자이자 영의정을 지낸 최석정은 마방진에 대하여 많은 연구를 한 사람이다. 그는 수학책 <구수략>을 저술하기도 했다.

어쨌든 동양에서는 이 마방진을 실용화하지는 못했다. 그러나 영국의 학자인 피셔는 라틴 마방진이라는 이름의 마방진을 이용하여 농업의 생산성을 조사하는데 좋은 효과를 보았다. 마방진은 현재까지도 동양뿐만 아니라 서양에서도 다양하게 연구되고 있다.

마방진은 특히 이슬람교에서 애호되었다. 이들은 마방진이 일찍이 아담에게 계시되었던 아홉 문자, 즉 고대 셈어 어순에 나타나는 최초의 알파벳 아홉 자를 담고 있다고 믿었다. 마방진은 9, 16, 25, 36 등과 같이 제곱수로 이루어진 칸을 가진 정사각형 모양으로 만들어졌다. 그때 그때마다 특정한 상수를 가지는 마방진은 중세에는 별과 연관되었다. 목성은 16칸, 화성은 25칸, 태양은 36칸, 금성은 49칸, 수성은 64칸, 달은 81칸의 마방진이었다. 토성 마방진은 9칸을 가지고 있었다. 이 마방진의 수를 모두 합하면 45가 되는데 45는 토성의 아랍어 명칭인 zuhal의 수 값과 같았다.

마방진은 주로 신을 가리키는 이름이나 <코란>에 나오는 비밀스러운 문자들을 나타냈다. 하지만 가로와 세로의 합이 서로 같지 않아 완전한 마방진이 될 수 없는 경우도 많았다. 그렇지만 신의 이름을 나타내는 완전한 마방진을 만들어 내기도 했다. 예를 들어 '수호자'를 뜻하는 신의 이름인 '하피즈hafiz'의 경우 $h=8$, $f=80$, $y=10$, $z=900$으로 합이 998이 된다. 따라서 다음과 같은 마방진을 얻을 수 있다.

900	10	80	8
7	81	9	901
12	902	6	78
79	5	903	11

아랍인들은 마방진이 특별한 힘을 갖고 있다고 믿었다. 그들은 산모에게 특정한 마방진 부적을 주면 출산이 훨씬 쉬워진다고 믿었다. 또한 종교전쟁에 나서는 터키와 인도의 전사들은 웃옷에 마방진 부적을 달고 출정하였는데 그 웃옷은 반드시 40명의 처녀가 짜야 했다. 마방진은 예언에 이용되기도 했다. 예를 들어 어떤 이름과 날짜 그리고 지명에서 수 값을 뽑은 다음, 7과 같은 의미 있는 수로 곱하거나 또는 특정한 수를 감하고 나서 그 수를 합한다. 그 결과 나온 수를 가지고 결혼이 행복할 것인지, 병자가 회복될 것인지 등등 여러 가지를 점쳤다.

마방진에는 정사각형 모양 이외에도 다양한 것이 있다. 예를 들어 성진은 별 모양의 도형에 숫자를 넣는 것이다. 그림과 같은 모양의 각 교점에 1부터 12까지의 자연수를 하나씩 넣어 일직선 상의 네 숫자를 어느 방향으로 합하든지 그 합이 모두 같아지게 한다. 또 삼각진이란 것도 있다. 삼각진은 그림과 같이 정삼각형의 둘레를 9칸으로 나누어 1부터 9까지 한번씩 써넣어 세 변의 합이 모두 같아지게 하는 것이다.

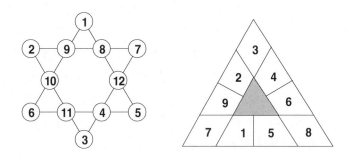

나는 귀신! 마방진 피해가기

마방진은 홀수 차수와 짝수 차수의 풀이 방법이 다르다. 우선 홀수 차수 마방진의 풀이를 살펴보자. 3차와 5차의 경우를 살펴보면 나머지는 쉽게 유추할 수 있고 그 방법도 간단하다. 3차의 마방진의 합은 15이고 다음과 같은 방법으로 만든다.

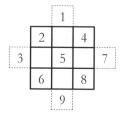

빈칸이 9개 있는 정사각형을 만들고 왼쪽 그림과 같이 왼쪽으로부터 오른쪽 아래로 비스듬히 1, 2, 3…, 9까지의 숫자를 써놓는다. 그 다음 처음 만들었던 정사각형의 바깥쪽에 있는 각 숫자를 그 줄에서 가장 먼 자리에 있는 칸으로 옮겨서 쓴다. 즉, 처음 정사각형의 바깥에 있는 숫자는 1, 3, 7, 9이고 이 중에서 1은 9 위에, 9는 1 밑에 쓴다. 그리고 3은 7 옆에, 7은 3 옆에 각각 적어 넣는다. 그러면 오른쪽의 그림과 같은 3차의 마방진을 만들

		1		
	2		6	
3		7		11
4		8	12	16
5	9	13	17	21
10	14	18	22	
15	19	23		
	20	24		
		25		

수 있다. 마찬가지 방법으로 합이 65인 5차의 마방진을 만들 수 있다.

위의 그림에서 알 수 있듯이 5차는 25개의 숫자를 정사각형 모양에 배열하는 것이고, 처음 만들어진 정사각형의 바깥쪽 숫자는 1, 2, 4, 5, 6, 10, 16, 20, 21, 22, 24, 25이다. 3차의 경우에서와 다른 것은 6과 2 같은 위치의 숫자들이다. 이 숫자들도 3차에서와 같은 방법으로 빈칸에 넣는다. 예를 들어 6은 24의 위에, 24는 6 밑에 그리고 16은 8과 4 사이에 넣는다. 또한, 1은 19와 13 사이에 넣고 25는 7과 13 사이에 넣는다. 그러면 다음과 같은 5차의 마방진이 만들어진다.

3	20	7	24	11
16	8	25	12	4
9	21	13	5	17
22	14	1	18	10
15	2	19	6	23

이와 같은 방법으로 모든 홀수 차의 마방진을 만들 수 있다.

다음 그림을 자세히 살펴보기 바란다. 이 그림은 뒤러라는 화가의 유명한 판화 '우울증'이다. 이 그림을 자세히 보면 그림의 오른쪽 위에 4차의 마방진이 새겨져 있음을 관찰할 수 있다. 특히 이 마방진을 잘 살펴보면 네 번째 줄의 가운데 두 칸의 숫자 15와 14는 이 판화가 새겨진 해인 1514년을 나타내고 있다. 이제

1	2	3	4
5	6	7	8
9	10	11	12
13	14	15	16

→

16	2	3	13
5	11	10	8
9	7	6	12
4	14	15	1

이 판화에 새겨져 있는 4차의 마방진을 만드는 방법을 알아보자.

합이 34인 4차의 마방진은 1부터 16까지의 숫자를 가지고 만들게 되는데 다음 왼쪽 그림과 같이 차례대로 번호를 써넣는다. 그런 다음 대각선 위에 있는 숫자를 대칭이 되는 위치로 옮겨 쓴다. 예를 들어 1은 16과, 6은 11과 각각 자리를 바꾸어 쓴다. 그러면 오른쪽 그림과 같은 4차의 마방진을 얻게 된다.

이와 같은 방법이 짝수 차수의 모든 경우에 해당되는 것은 아니다. 이 방법은 2의 거듭제곱인 차수의 경우에만 해당된다.

1	2	3	4	5	6	7	8
9	10	11	12	13	14	15	16
17	18	19	20	21	22	23	24
25	26	27	28	29	30	31	32
33	34	35	36	37	38	39	40
41	42	43	44	45	46	47	48
49	50	51	52	53	54	55	56
57	58	59	60	61	62	63	64

1	2	3	4	5	6	7	8
9	10	11	12	13	14	15	16
17	18	19	20	21	22	23	24
25	26	27	28	29	30	31	32
33	34	35	36	37	38	39	40
41	42	43	44	45	46	47	48
49	50	51	52	53	54	55	56
57	58	59	60	61	62	63	64

예를 들어 합이 260인 8차의 경우는 다음과 같이 차례대로 번호를 매긴 것에서 시작한다. 그러나 이 경우는 4차의 경우보다 숫자를 옮기는 방법이 약간 복잡하다. 그림에서 보듯이 먼저 숫자를 모두 채워 넣는다. 먼저 두 개의 주 대각선 위의 숫자들을 대칭이 되는 위치로 옮겨 쓴다. 그런 다음, 굵은 선으로 표시된 4개의 작은 정사각형의 나머지 대각선 위의 숫자들을 대칭이 되는 숫자와 바꾼다. 마지막으로, 두 개의 주 대각선 위의 숫자를 제외한 나머지 숫자들의 위치를 굵게 표시된 작은 정사각형의 대칭이 되는 곳과 바꾸면 완성된다.

마찬가지 방법으로 16차, 32차 등등의 마방진을 만들 수 있다. 그러나 차수가 커질수록 4차의 작은 정사각형이 많아지고 대칭으로 이동시키는 회수와 방법이 더 복잡해진다.

64			25	32			57
	55	18			23	50	
	11	46			43	14	
4			37	36			5
60			29	28			61
	51	22			19	54	
	15	42			47	10	
8			33	40			1

64	2	3	61	60	6	7	57
9	55	54	12	13	51	50	16
17	47	46	20	21	43	42	24
40	26	27	37	36	30	31	33
32	34	35	29	28	38	39	25
41	23	22	44	45	19	18	48
49	15	14	52	53	11	10	56
8	58	59	5	4	62	63	1

위에서와 같이 만들어진 마방진으로 합이 더 크거나 작은 마방진도 만들 수 있다. 예를 들면, 3차의 마방진은 합이 모두 15였다. 여기에 2배를 하면 합이 30인 마방진이 만들어지는 것이다. 이와 같은 방법으로 우리는 합이 1인 마방진을 비롯하여 다양한 종류의 마방진을 만들 수 있다. 여러분도 여러분만의 마방진을 한번 만들어보기 바란다.

수학이란? (6)

두 사람이 직사각형의 탁자 위에서 많은 양의 담배를 가지고 하는 '담배놀이'라는 것이 있다. 담배를 대칭적이고 서로 동등하다고 가정하자. 두 사람이 교대로 한 개의 담배를 이미 놓여진 담배와 겹치지 않고 또 탁자의 모서리에 걸치지 않게 탁자 위에 올려놓는다. 탁자 위에 마지막으로 담배를 올려놓는 사람이 이

놀이의 승자가 된다. 이 놀이의 승자가 되려면 어떻게 해야 할까?

그 대답은 언제나 먼저 담배를 놓은 사람이 승자가 된다. 왜냐하면 첫 경기자는 그의 첫 번째 담배를 탁자의 중심에 놓이도록 올려놓는다. 그리고 그 이후로는 상대편이 놓는 담배와 중심에서 대칭인 위치에 계속해서 올려놓으면 된다.

바둑에서도 마찬가지이다. 만약 덤이 없다면 언제나 승자는 먼저 두는 사람이다. 담배놀이와 마찬가지로 먼저 두는 사람이 중앙의 화점에 넣고 계속 대칭이 되게 따라두면 이긴다. 그래서 바둑은 덤이 있대나 뭐래나?!?!?!?!

 언제나 승리한다.

수학을 잘하는 여자는 마녀다

　흔히들 여성이 남성보다 수학을 못하며 싫어한다는 견해를 가지고 있다. 사실 이런 견해는 잘못된 것이다. 여성들이 원래 수학을 싫어하고 수학에 소질이 없는 것이 아니라 수학에서 멀어지도록 사회적으로 길들여진 것이다. 현재 여성들의 지위와 사회적 활동은 많이 개선되었지만, 아직도 여성들은 남녀 차별 시대를 살아가고 있는 것 같다.

　그리스의 위대한 기하학적 전통은 유클리드, 아르키메데스, 아폴로니우스의 후계자들에 의하여 얼마 동안 지속되긴 했지만 시간이 흐르면서 결국 시들해지고 오히려 천문학, 삼각법, 대수 등에서 새로운 발전을 이루었다. 그러나 아폴로니우스가 죽은 지 500년이 지난 3세기 말엽에 이르면 알렉산드리아의 한 열정적이고 유능한 학자가 다시 기하학에 관심을 불붙이기 위해 분투하는데 그가 바로 파푸스이다. 파푸스는 <수학집성>이란 기하학적 가치와 내용이 풍부한 책을 썼다.

　파푸스 이후의 그리스 수학은 생동감 넘치는 연구에 막을 내린 채 몇몇 작가나 주석가에 의하여 이전의 결과를 기억해 내고 지속시키는 작업만이 진행되었다. 그들 중에 기억될 만한 인물로는 알렉산드리아의 테온과 그의 딸 히파티아, 그리고 플로클

로스, 심플리키우스, 에우토키우스 등이 있다.

4세기말에 살았던 테온은 프톨레마이오스의 <알마게스트>에 대한 11권으로 된 주석집의 저자이다. 또한 유클리드 <원론>의 현대판은 테온의 교정본에 기초를 둔 것으로 알려져 있다. 테온의 딸 히파티아는 수학, 의학, 철학 분야 등에서 이름을 떨쳤는데 디오판투스의 <산학>, 아폴로니우스의 <원추곡선론>에 대한 주석집을 쓴 것으로 기록돼 있다. 그녀가 바로 수학사에 등장하는 최초의 여성이다.

오늘날 여류과학자 하면 떠오르는 사람은 아마도 물리학자로 노벨상을 수상한 퀴리 부인을 연상할 것이다. 그러나 오늘날까지 '가장 아름답고, 가장 순결하고, 가장 교양 높은 여성'으로 전해져 내려오는 인물은 바로 이 히파티아이다.

히파티아의 어머니나 형제에 대한 기록이 전혀 없기 때문에 현재에는 아마도 테온의 무남독녀로 어머니를 어려서 잃었을 것

이라 알려지고 있다. 그녀에게 있어서 아버지 테온은 최상의 스승이었다. 그녀는 일생을 독신으로 지냈으며, 그녀의 생애 말에는 많은 왕족이나 학자들이 청혼을 했으나 그녀는 이러한 청혼에 대하여

　　　"나는 이미 진리와 결혼을 하였습니다."

하고 거절했다. 그러나 그녀가 한 철학자와 결혼을 하였다는 이야기도 있고, 실연을 했다는 이야기도 있다. 그러나 독신으로 살았다는 설이 가장 신빙성이 있다.

　　그녀는 20대에 아테네로 유학을 갔고, 30대에 고향인 알렉산드리아로 돌아왔다. 알렉산드리아로 돌아온 그녀는 당시 종합적인 고등교육 기관이며 동시에 연구기관이었던 '무제이온'의 교수

로 초빙되었다. 이곳에는 그녀의 강의를 듣기 위하여 온 사람들의 마차가 매일같이 줄지어 있었고, 강의실은 알렉산드리아의 상류계급과 부자들로 언제나 초만원을 이루었다고 한다.

히파티아의 수학적 업적은 단편적으로밖에는 전해지지 않고 있다. 어쨌든 그녀는 당시의 수학을 이어받은 것뿐만 아니라 많은 독창적인 연구를 했다고 한다. 일설에 의하면 그녀의 아버지의 작품으로 알려져 있는 프톨레마이오스의 <알마게스트>의 주석서가 사실은 그의 딸 히파티아의 작품이라는 설도 있다. 어쨌든 400년경 알렉산드리아 신플라톤주의의 대표적인 학자였던 히파티아는 높은 학식과 덕망으로 그의 제자들로부터 크게 호평을 받았는데, 그녀의 별명이 학문의 여신인 '뮤즈' 또는 '뮤즈의 딸'이라고 불렸다.

　그러나 당시 알렉산드리아 기독교도들은 히파티아의 철학과 자유분방한 그녀의 행실을 이교도적이며 기독교에 대한 위협이라고 여겼다. 412년 광신도인 키릴이라는 사람이 알렉산드리아의 대주교로 교구장이 되면서부터 사태는 비극적으로 전개되기 시작했다. 그는 소위 고대의 '이단 심판관'이었다. 그에게 히파티아가 가르치며 연구하고 있는 '무제이온'은 증오의 대상이었다. 또한 기독교도들은 여성이 수학을 잘하면 '마녀'라고 간주했으며, 그녀에게 남성 추종자들이 유난히 많았던 것 또한 증오의 대상이었다. 어쨌든 키릴을 중심으로 한 수도사들의 사주를 받은 폭도들은 '무제이온'에 난입하여 귀중한 문화재들을 마구 파괴하고 교수들을 학살하였다. 키릴에게 증오의 대상이었던 히파티아는 폭도가 던진 돌에 맞아 쓰러졌고, 그녀의 머리채는 마차에 묶여져서 이리저리 끌려다니다 무참한 최후를 당했다고 한다. 과학사

를 연구하는 학자들은 당시 알렉산드리아의 대주교였던 키릴과 정치적으로 대립하고 있던 오레스테스와 그녀가 가깝게 지냈던 것이 그녀의 운명을 재촉했다고 보고 있다.

프랑스 수학자이자 소설가인 드니 게디는 수학역사 소설 <앵무새의 정리>에서 히파티아의 최후에 대하여 다음과 같이 적고 있다.

"415년의 어느 날, 알렉산드리아의 기독교 광신도들이 길을 지나가던 그녀의 마차로 달려들어 그녀를 바닥에 쓰러뜨리고 발가벗긴 채 성소로 끌고 갔다. 그리고는 칼날처럼 예리하게 깎은 굴 껍데기로 그녀를 고문한 뒤 산 채로 불태워버렸다."

어느 것이 정확한 사실인지는 알 수 없지만 비극적으로 죽은 것만은 사실이다. 이 사건 이후에 히파티아의 모든 저작이 소실됨으로 인하여 히파티아는 역사에서 잊혀졌으며 생애의 대부분이 미스터리로 남게 되었다. 그녀를 주인공으로 한 소설과 드라마가 현재 많이 있다. 그녀가 죽은 뒤 알렉산드리아는 학문의 중심지로서의 위치를 점차 상실해갔으며, 이것은 결국 고대 과학의 전반적인 쇠퇴로 이어졌다.

당신이 잠든 사이에

18세기에 일어난 중요한 사건 중 하나는 수학과 정밀과학에 심심찮게 여성이 등장하는 것이다. 이와 같은 일은 환영받지 못했을 뿐만 아니라, 여성 과학자를 위한 기회는 사실상 존재하지 않았다. 인류역사에는 언제나 고난과 역경을 딛고 일어서는 훌륭한 인물이 있는 법이다. 여성 수학자 제르맹이 수학에 영향을 준 것은 바로 18세기의 일이었다.

소피 제르맹은 1776년 4월 1일 파리의 한 금세공업자의 딸로 태어났다. 매우 조숙했던 그녀는 10여세 때부터 학문에 열중하기 시작했다. 13살 되던 어느 날 아버지의 서고에서 우연히 수학사를 읽던 중 아르키메데스에 관한 것을 읽게 되었다. 그녀는 아르키메데스가 로마병사에게 피살될 때의 일화를 알고는 수학이라는 학문에 대한 연구가 한 인간에게 죽음에 대한 공포마저도 잊게 할 수 있다는 그 연구 정신의 열의에 감동을 받았다. 그래서 그녀는 자신도 수학을 연구하기로 결심하였다. 그러나 그녀의 가족들은 그것을 반대하였다. 하지만 그녀는 뜻을 굽히지 않았고 손에 입수되는 수학책이라면 닥치는 대로 공부했다. 너무 열심히 공부하는 그녀가 그녀의 부모들에게는 걱정거리였다. 그래서 그녀의 건강을 염려하여 온갖 방법으로 수학 공부를 못하

게 하였다. 그러나 그녀는 집안 사람들이 모두 잠든 사이에 일어
나 수학을 연구하였고, 심지어 추운 겨울에는 잉크가 얼어붙어서
쓰지 못한 때도 있었다. 그러던 어느 날 연구에 지친 그녀가 책
상에 엎드려 날이 밝도록 깊은 잠에 빠져 있다가 다음날 아침
아버지에게 들키고 말았다. 이 일이 있은 후 반대가 심했던 그녀
의 아버지는 그녀의 열성에 감탄하여 결국 수학 공부를 허락하
였다.

　　그녀는 독학으로 수학을 연구하였는데 1794년에 나폴레옹이
파리공과대학을 개교하자 이곳에서 수학을 공부할 꿈에 사로잡
혀 있었다. 그러나 당시에는 여성이 대학에 입학하는 것이 허용
되지 않았고 이 대학도 마찬가지였다. 그래서 그녀는 이 대학의
수학 교수인 라그랑주의 강의 노트를 얻어 이를 열심히 공부했
다. 뿐만 아니라 이 강의 노트에 주석을 달고 잘 이해가 되지 않

는 부분에 의문점을 적어서 이 대학의 학생이었던 르 블랑의 이름을 빌어 직접 라그랑주에게 보내곤 했다.

라그랑주는 강의 노트에 지적된 내용과 주석이 너무도 적절하고 훌륭하였으므로 르 블랑이라는 학생에 대하여 많은 감탄을 하였다. 그러나 얼마 지나지 않아서 그것은 블랑이 한 것이 아니라 제르맹이라는 여자가 한 것임을 알고 다시 한번 크게 놀랐다. 라그랑주는 곧 바로 그녀의 집을 방문하여 그녀를 격려하였으며, 많은 수학자에게 그녀를 소개시켰다.

그녀가 25세 되던 1801년에는 수학의 황제로 일컬어지는 독일의 위대한 수학자 가우스가 <정수론 연구>를 발간하였다. 그녀는 이 책을 통하여 정수론을 연구하게 되었는데 르 블랑의 이름을 빌어 가우스와 접촉하였다. 수학의 황제 가우스와의 서신 왕래로 제르맹이 이루어놓은 가장 큰 업적은 '페르마의 마지막

정리'를 n이 100 이하인 경우에 모두 해결한 것이라고 할 수 있다. 현재 '페르마의 대정리' 또는 '페르마의 마지막 정리'는 1994년 영국의 수학자 앤드류 와일즈가 증명했다.

가우스와 제르맹의 인연은 1806년 10월 나폴레옹이 프로이센을 공격할 즈음부터 본격적으로 시작되었다. 당시 가우스는 브라운슈바이히에 있었다. 프랑스군의 공격으로 아르키메데스의 죽음과 같은 것이 가우스의 신변에도 닥치지 않을까 하는 우려 때문에, 제르맹은 아버지 친구인 프랑스군 지휘관 파르네티에게 편지를 보냈다. 그녀는 이 편지에 가우스의 신변의 안전을 배려해 주도록 부탁하였다. 그래서 파르네티는 한 장교를 가우스에게 보내 이 도시가 점령되더라도 가우스의 신변은 안전하게 책임질 것이므로 걱정하지 말라고 전하였다. 그러나 당사자인 가우스는 자신에 대한 이와 같은 특별 배려에 대한 이유를 알 수 없었다.

그래서 그 까닭을 물으니 파리의 제르맹의 부탁을 받은 장군이 그런 배려를 해 주겠다는 약속을 했다는 것과 제르맹은 이전에도 가우스와 여러 번 서신 왕래가 있었다고 답했다. 그러나 가우스는 제르맹을 알지 못하였다.

다음 해 봄, 가우스의 집에 제르맹의 이름으로 편지가 배달되어 왔다. 가우스는 지난날의 배려가 생각나서 얼른 봉투를 뜯어 편지를 읽기 시작했다. 그 편지에는

"제 이름이 알려지지 않았다고 하셨는데 그렇지는 않습니다. 가끔 제가 선생님께 편지를 보냈고, 그 때마다 회신을 해주신 데 대해 감사를 드립니다. 여자가 학문을 연구한다고 하면 세상사람들이 비난할 것 같아서 그 동안 르 블랑이라는 이름을 사용하였습니다."

결국 가우스는 평소 그가 경탄해 마지않았던 파리의 미지의 수학자 르 블랑이 제르맹이라는 여자임을 알고 놀랐다. 그래서 그는 제르맹 양에게 지난날의 배려에 대하여 그녀에게 정중한 감사의 표시를 했다. 결국 이일로 인하여 제르맹은 가우스에 의하여 높게 평가되는 동시에 가우스와 학문적인 친구로서 친밀한 관계를 유지하게 되었다.

제르맹은 상당히 유능한 수학자였다. 그녀는 비록, 여자이기 때문에 에콜 폴리테크니크에 입학이 허용되지는 않았으나 그 곳의 여러 교수의 강의 노트를 확보했고, 르 블랑이란 가명으로 제출한 서면 설명으로 해서 라그랑주의 칭찬을 받았다. 1810년 이

후에 그녀는 순수수학에서 응용수학 쪽으로 연구 방향을 바꾸었다. 특히 탄성문제에 관심이 많았는데, 제르맹이 40세가 될 무렵인 1816년에는 아카데미의 탄성에 관한 현상문제에 유일하게 응모하여 상을 받았다. 그 후 물리학과 수학 방면에서 많은 업적을 남겨 당시 유명했던 소위 말하는 일류 학자들의 존경을 받았다. 1831년 그녀는 '평균곡률'이라는 유명한 개념을 곡면의 미분기하학에 도입했다.

그녀는 1831년에 죽었는데, 그녀가 죽은 후에 가우스는 그녀에게 명예박사를 줄 것을 괴팅겐대학에 건의하여 결국 명예박사 학위를 수여하게 되었다. 현재 파리에는 제르맹의 이름이 붙은 거리인 '제르맹 거리'도 있고, 제르맹 여자고등학교도 있어서 프랑스 사람들은 그녀를 영원히 기억하게 되었다. 우리나라에서도 뛰어난 여성수학자가 나와서 그녀의 이름이 붙은 거리가 생겼으면 좋겠다.

수학이란? (7)

수학자, 물리학자, 공학자, 컴퓨터학자가 모여서 '모든 홀수는 소수이다'를 증명하고 있었다.

먼저 수학자가

"1은 소수이고, 3도 소수이고, 5도 소수이다. 따라서 수학적 귀납법에 의하여 모든 홀수는 소수이다."

물리학자가

"당신의 말을 믿을 수 없군요. 직접 실험을 해봐야겠어요. 1은 소수, 3도 소수, 5도 소수, 7도 소수, 9는..... 음~, 9는 실험적인 오차로 처리하고, 11도 소수 13도 소수이군요. 그렇다면 모든 홀수는 소수입니다."

공학자는

"1은 소수, 3도 소수, 5도 소수, 7도 소수, 9는 .....음~, 만약 9의 근사값을 구한다면 9도 소수이군요. 11도 소수 13도 소수입니다. 따라서 모든 홀수는 소수이군요"

컴퓨터학자는

"다들 못 믿겠군요 제가 프로그램을 만들어서 증명하지요"

그리고 그의 컴퓨터 화면에는 다음과 같은 메시지가 떴다.

1은 소수

1은 소수

1은 소수

1은 소수

1은 소수

⋮

 연역과 귀납으로 완성한다.

수학과의 계약결혼

소냐 코발레프스키!

　여성 수학자인 그녀의 원래 이름은 소피아 코르빈 크루코프스키이다. 그녀는 1850년 1월 15일 러시아 귀족 가문에서 태어났다. 그녀의 아버지는 러시아의 포병장군인 크루코프스키였다. 그녀는 17세 때 성 페테르스부르크에 가서 그 곳 해운학교 선생과 미적분학을 공부했다. 그 후 그녀는 대학에 진학하고 싶었지만 당시에 여성은 대학에 입학할 수 없었기 때문에 유학을 결심하게 되지만, 부모의 반대에 부딪힌다. 그래서 적당한 배우자를 골라 이름뿐인 결혼을 한다. 그들은 1868년 결혼을 하여 그 이듬해 봄에 하이델베르크로 갔다. 그의 남편 블라디미르 코발레프스키는 그곳에서 지질학을 공부하여 후에 유명한 고생물학자가 된다.

그녀는 하이델베르크에서 쾨니히스베르거와 레이몽드의 수학강좌와 키르히코프와 헬름홀츠의 물리학 강좌를 수강했다. 쾨니히스베르거는 베를린 대학교의 유명한 수학자 바이어스트라스의 제자였는데, 그로부터 바이어스트라스에 대한 상세한 이야기를 들은 코발레프스키는 그 위대한 수학자 밑에서 공부하고 싶어했다. 그래서 1870년 베를린으로 갔으나 그곳에서도 여학생은 받아들이지 않는다는 학교의 방침으로 인하여 또 다시 그녀의 꿈은 사라지는 듯했다. 그러나 그녀는 직접 바이어스트라스를 만났고, 쾨니히스베르거의 강력한 추천으로 거장 바이어스트라스는 그녀를 그의 개인 학생으로 받아들였다. 그녀는 곧 바이어스트라스의 총애를 받는 학생이 되었고, 바이어스트라스는 그녀를 위하여 대학에서 강의했던 내용을 다시 한번씩 강의해주었다.

그녀는 4년 동안 바이어스트라스의 밑에서 공부하여 대학과정의 수학공부를 마쳤고, 3편의 중요한 논문을 완성했다. 그 논문은 편미분방정식에 관한 것과 아벨 적분의 축약에 관한 것, 그리고 새턴 환의 형태에 관한 라플라스의 연구를 보완하는 것이었다. 특히 편미분방정식에 관한 그녀의 논문은 원래 코우시가 제기한 문제로 미분방정식의 계수가 해석함수인 경우에 해가 유

그래가 2+3=5 라구!

일하게 존재함을 증명한 것이다. 이 논문은 그녀의 업적 중 최고의 것으로 평가되고 있다. 그녀는 1874년에 괴팅겐 대학교에서 박사학위를 받았는데 학위논문 중에서 편미분에 관한 내용의 수준이 상당히 높아 박사학위 심사에서 구두시험을 면제받기도 했다.

그 후 그녀는 편미분방정식에 관한 획기적인 결과를 얻기 위해 연구에 몰두하다 극도로 쇠약해져서 요양 차 러시아로 돌아가게 되었다. 특히 아버지의 사망으로 인하여 뼈저리게 고독감을 느끼게 되자 그때까지의 변칙적인 생활을 청산하고 코발레프스키 부인의 본연의 자세로 돌아가 페테르스부르크의 사교계에서 활약하였다. 그러나 1878년 그녀가 첫 딸을 출생한 후부터 다시 수학에 대한 정열이 불타 올라 다시 학계에 투신하려 하였으나, 사업에 실패한 남편의 반대로 뜻을 이루지 못하게 되었다. 그래서 그녀는 남편과 별거하고 혼자 베를린으로 가서 다시 바이어스트라스의 지도를 받는다.

그녀가 결정체에 있어서의 빛의 전파에 관한 연구를 하고 있을 무렵, 남편이 또다시 사업에 실패하여 스스로 목숨을 끊었다는 소식을 듣고 충격을 받게 되었다. 남편의 죽음은 그녀가 남편의 곁을 떠나 내조를 잘하지 못한 데 있다는 자책감으로 그 후 그녀의 용모는 급작스럽게 노쇠하게 보였다고 한다. 어쨌거나 그녀는 사실상 바이어스트라스의 가장 뛰어난 제자였다. 그래서 스톡홀름 대학의 학장인 대수학자 미타크 레플러가 그녀를 그 대학의 수학 강사로 초빙하였다. 하지만 그 당시에는 여성들이 대학에서 청강하는 것조차도 금지되었던 시대라서 그녀를 강사로 초빙하고 교수로까지 승진시킨 것에 대하여 많은 사회적 비난이 일기도 했다.

그녀는 1888년 38세의 나이로 <고정점을 중심으로 한 고체의 회전문제에 관하여>라는 논문으로 프랑스 과학원으로부터 유명한 '보르딘 상'을 수상했다. 이 논문은 18세기에 오일러가 처음 제기한 문제로 19세기에 라그랑주와 푸아송이 발전시켰고, 야코비가 타원함수를 이용하여 일반적인 해를 구한 강체의 회전에 관한 연구 결과이다. 당시 프랑스 과학원에 제출된 논문은 모두 15편이었는데, 그녀의 것이 단연 최고로 판정되었고 너무 뛰어난 논문이어서 상금이 3000프랑에서 5000프랑으로 올랐다. 그러나 애석하게도 코발레프스키는 이 영광스러운 상을 받고 돌아오는

길에 감기에 걸렸고, 이것이 폐렴으로 악화되어 결국 1891년 2월 10일에 41세의 나이로 세상을 떠나고 말았다.

그녀는 1884년부터 1891년 죽을 때까지 스톡홀름 대학교의 수학교수로 재직했다. 그녀의 좌우명은 이러했다.

"아는 것을 말하라. 반드시 해야할 것을 행하라. 가능성 있는 것을 성취하여라."

세상과 싸워 나갔던 대단한 열정으로 그녀의 명성은 유럽

전역에 퍼졌고, 그녀 스스로도 여성의 인권신장을 위하여 열심히 노력하였다. 그 결과 종래의 여성교수 채용에 대한 반대론은 자취를 감추게 되었다.

대학인가 목욕탕인가

대수학의 발전과 관련해서, 영국학파의 행렬론 내지는 선형대수학, 리이, 클라인 등에 의한 변환군 또는 데데킨트, 힐베르트 등의 공리적 이론의 영향도 중요하지만, 특히 주목을 끈 것은 1920년대에 괴팅겐대학에서 지도적 역할을 수행하였던 에미 뇌더이다. 독일을 중심으로 하는 추상대수학은 슈타이니츠에 의하여 시작되었으나, 슈타이니츠와 힐베르트를 융합시키고, 데데킨트의 전통을 받아들여 현대의 추상대수학의 기초를 닦고, 대수적 위상

기하학에 대한 대수학의 응용가능성을 시사한 것이 바로 여성 수학자 뇌더이다.

에미 뇌더는 일반적으로 여성 수학자 중에서 가장 위대하다고 여겨지고 있다. 그녀는 1882년 3월 23일에 독일의 에를랑겐에서 마르크스 뇌더의 첫째 딸로 태어났다. 아버지인 마르크스 뇌더는 에를랑겐 대학교의 뛰어난 수학자였다. 뇌더의 어린 시절은 심한 근시인데다가 용모도 그리 단정치 못한 말괄량이 소녀였다고 한다. 1889년에서 1897년 사이에 에를랑겐 주립여자학교에 다녔는데, 이곳에서 그녀는 프랑스어나 영어 등 어학에 관심이 있어 어학공부를 열심히 했다고 한다. 1900년 18세의 뇌더는 프랑스어와 영어의 교원 자격시험에 합격하였으며, 계속 공부하기 위하여 대학에 진학하고 싶어했다. 그러나 당시 독일은 여성에게 대학 진학이 허락되어 있지 않았기 때문에 그녀는 하는 수 없이 1900년에 에를랑겐 대학의 청강생으로 입학했다. 그러다가 1903년 겨울에 괴팅겐대학에 가서 민코우스키, 클라인, 힐베르트 등의 강의를 처음 듣고, 수학을 공부할 결심을 굳혔다. 바로 이 무렵 독일에서 여성도 대학의 정규학생이 될 수 있게 되어, 1904년에 에를랑겐 대학의 정규학생이 되었다. 그러나 당시 뇌더가 속해 있던 철학부 제2부의 학생 47명 중 여성은 그녀 단 한사람뿐이었다.

그녀가 처음으로 가장 큰 영향을 받은 수학자는 대수학을 연구하고 있던 파울 고르돈이었다. 그녀의 아버지인 마르크스 뇌더도 역시 친구인 고르돈과 마찬가지로 그 대학에서 대수학을 연구하는 교수였다. 그 대학에서 공부한 뇌더도 대수학자가 된

것은 어쩌면 당연한 것인지도 모른다. 당시 고르돈은 불변식론의 권위자였다. 그녀는 1907년 고르돈의 지도 아래 <삼항 쌍 이차 형식에 대한 완전한 불변계에 관하여>라는 논문으로 박사학위를 받았다. 1910년 고르돈이 퇴임하자 소거이론과 불변량 이론에 특히 관심을 가졌던 대수학자 피셔가 1년 후 그 자리를 계승하였다. 그가 뇌더에게 끼친 영향은 매우 컸고, 그의 지도 아래 그녀는 고르돈의 논문의 연산적 측면에서부터 힐베르트의 추상 공리적 접근까지 열심히 공부하였다.

에를랑겐을 떠난 후 뇌더는 괴팅겐에서 공부하였는데, 1915년에 클라인과 힐베르트의 초청을 받아 괴팅겐대학으로 가게 되었다. 1917년에는 <주어진 갈루아군을 가지는 대수방정식에 관하여>라는 논문을 발표하였는데, 이것이 그녀의 추상대수학으로의 첫출발이라고 할 수 있다. 그 당시 힐베르트는 뇌더를 강사로

승진시키려고 하였지만 자격요건이 구비되지 못하였다는 이유로 부결되고 말았다. 그러나 사실은 그녀가 여성이라는 이유 때문이란 걸 아는 힐베르트는 크게 화를 냈다.

"강사를 채용하는 데 여성이 문제된다는 것이 나로서는 이해가 가지 않는다. 이것은 대학의 문제이지 목욕탕의 문제가 아니지 않는가?"

그녀는 여자 강사를 반대하는 몇몇 교수들의 반대를 극복하고, 1919년에 자격시험을 통과하였다. 그러나 그녀는 급료를 받지 못하는 강사였기 때문에 경제적으로 큰 고통을 받았다.

뇌더는 성품과 체격이 남성 같아서 괴팅겐대학 시절에 그녀의 동료들로부터 '남자 뇌더'라는 별명이 붙여져 있었다고 한다.

이런 뇌더가 수학적 진가를 발휘하기 시작한 것은 중년 이후로 보인다. 1921년에 그녀가 발표한 <환에서의 이데알론>은 추상대수학 분야에서 그녀의 진가가 발로하기 시작한 것이며, 1927년에 발표한 논문 <대수체 및 대수함수체에서의 이데알론의 추상적 가설>은 추상대수학의 기초를 확립하는데 크게 공헌하였다.

1922년 괴팅겐의 특별교수가 된 뇌더는 게르만 국가혁명의 강압으로 학술활동이 금지된 1933년까지 그 자리에 있었다. 이 당시 게르만 국가혁명은 수많은 학자들의 학술활동을 금지시켰다. 그 직후 독일을 떠나 펜실베이니아에 있는 브라이언 모어 대학의 교수직을 얻었고, 프린스턴의 고등연구소의 연구원이 되었다. 그녀의 일생에 있어서 미국에 있는 기간이 아마 가장 행복하고 가장 풍요한 시기였을 것이다. 그녀는 자신의 능력이 최고조에 달한 1935년, 53세의 아까운 나이에 죽었다.

뇌더는 가난한 강사였고 교수법도 부족했지만, 추상대수학 분야에 뛰어난 업적을 남겼을 뿐만 아니라 많은 학생들에게 수학적 영감을 주었다. 뇌더의 주위에는 세계 각국에서 많은 청년 수학자들이 모여들었는데, 주위 사람들은 이 그룹을 '뇌더의 꼬마들'이라고 불렀고, 그들은 현대 추상대수학 발전에 지대한 공헌을 한 그룹으로 인정받고 있다.

오늘날 우리가 추상대수학에서 자주 만나는 Noetherian 환, Noetherian 정역, Noetherian local 환 등은 모두 뇌더의 이름이 붙여진 것이다. 이것만 보아도 뇌더가 추상대수학의 기초를 확립하는 과정에 얼마나 큰 공헌을 했는지를 잘 알 수 있다.

아인슈타인은 그녀의 장례식에서 그녀를 열렬하게 칭찬하였다. 어떤 사람이 그녀를 마르크스 뇌더의 딸로 표현했을 때 에드먼드 란도는 '마르크스 뇌더는 에미 뇌더의 아버지'라고 응수했다.

1982년에는 에미 뇌더 탄생 100주년 기념 행사가 브라이언 모어 대학에서 열렸다.

수학이란? (8)

수학자 두 명이 바에서 토론을 하고 있었다. 첫 번째 수학자가
두 번째 수학자에게 요즘 보통 사람들은 수학을 잘 모른다고 투
덜거렸다. 그러자 두 번째 수학자는 그렇지 않다고 반박하였다.
마침 첫 번째 수학자가 화장실에 가자, 두 번째 수학자가 웨이터
를 불러 자기 친구가 돌아와서 어떤 문제를 내면 '3분의 1 x 세
제곱'이라고 답하라고 했다.

그 웨이터는 '3분의 x 세제곱...'이라고 더듬거리며 중얼거렸
다. 그래서 두 번째 수학자는 '3분의 1 x 세제곱'을 잘 기억하라

고 다시 한번 강조했다.

첫 번째 수학자가 돌아오자 두 번째 수학자는 첫 번째 수학자보고 웨이터에게 x^2을 적분하는 문제를 물어보라고 했다. 그래서 첫 번째 수학자가 웨이터에게 물어보았다. 그랬더니 그 웨이터는 '3분의 1 x 세제곱'이라고 답하고 갔다. 그러다가 뒤 돌아온 웨이터는 다음과 같이 덧붙였다.

"더하기 적분상수 C."

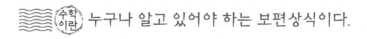 누구나 알고 있어야 하는 보편상식이다.

홀로코스트

세계를 뜻하는 'world'의 원어인 'mondo'는 계층적인 질서가 잘
갖추어진 '불변의 세계'를 의미한다. 이 개념은 크리스트교적인
중세사회에 적합한 것이었다. 더욱이 중세의 우주관은 지구 중심
의 천동설이었다. 즉, 세계의 유한성을 부정하거나 지구 중심설
에 이의를 제기하는 따위는 바로 이단으로 처벌받았다.

　이와 같이 닫혀진 낡은 세계로부터 근대적인 무한 우주로의
길을 연 것은 지동설을 주장한 코페르니쿠스가 1543년에 발표한
<천체의 회전에 관하여>이다. 코페르니쿠스는 그의 주장을 극히

조심스럽게 표현했기 때문에 이단으로 몰리지는 않았지만 나중에 이 책은 교황청에 의하여 금서가 되었다.

천문학자는 필연적으로 삼각법을 연구하게 되는데 코페르니쿠스도 예외는 아니었다. 그는 천문학에서뿐만 아니라 수학에서도 많은 업적을 남겼다. 그의 책 <천체의 회전에 관하여>에는 많은 부분이 삼각법에 관해 쓰여져 있다. 또한 그의 뛰어난 수학적 재능은 인쇄에서 제외된 초기의 원고에서도 볼 수 있다. 그 중에서 소위 '코페르니쿠스의 정리'라고 불리는 유명한 명제는 한 두 개의 원운동의 합성으로 이루어진 직선운동에 관한 기존의 정리를 일반화한 것이다. 그러나 이보다 앞서서 1542에 발표한 <삼각형의 변과 각에 관하여>에서 그는 이미 삼각법을 주로 다루고 있다.

사실 그는 수학을 발전시킨 천문학자 중 한사람이었다. 그는 1473년에 폴란드에서 태어났다. 그는 크라쿠프 대학에서 교육을 받았고 파두아와 볼로냐에서 법학, 의학, 천문학 등을 연구했다. 우주에 관한 그의 이론은 이미 1530년에 완성되었지만 그가 죽은 1543년까지도 발표되지 못했었다. 그 이후에도 그의 이론은 교황청으로부터 인정받지 못하였다. 그러나 1998년 교황 요한 바오로 2세가 지동설을 주장한 니콜라스 코페르니쿠스의 고향 토루니를 방문하면서 드디어 교황청에서 그에게 면죄부를 주었다.

교황은 토루니를 방문한 자리에서 1616년 당시 천동설을 지지하고 있던 교황청이 그를 배척한 것은 잘못이었다고 시인했다. 과학계에서는 지구가 태양 주위를 돈다는 코페르니쿠스의 주장을 근대 과학의 주춧돌을 놓은 것으로 평가하지만 교회는 지난 4백년 동안 그를 이단자로 규정해왔다. 교황 바오로 2세는 과학과 종교는 진실을 전파하는 공통의 사명을 가지고 있다며 역대 어느 교황보다도 과학기술에 수용적인 태도를 보여왔다. 교황은 1992년에, 코페르니쿠스의 지동설을 실험으로 뒷받침해 교황청으로부터 '신앙에 위험스러운 인물'로 낙인 찍혔던 갈릴레오 갈릴레이의 이론을 정식으로 인정했다. 1996년에는 인간 생물학적인 관점에서 찰스 다윈의 진화론을 인정해 논란을 일으키기도 했다. 교황은 첨단기술을 받아들이는 데도 주저하지 않아 지난해부터는 인터넷으로 바티칸 미사를 생중계 하도록 허용하고 있다. 그러나 교황은 최근 경쟁적으로 전개되고 있는 생명복제 연구에 대해서는

자연의 법칙을 지켜라.

　　"현대과학이 자연의 법칙에까지 개입하려는 것은 지극히 위험한 일이다."

라고 경고했다.

　　그 후 서기 2000년 2월 5일 로마 교황청은 기독교 2천년의 역사 동안 인류에게 저지른 각종 과오를 최초로 공식 인정했다. 교황 요한 바오로 2세는 2000년 2월 12일에 '회상과 화해, 교회의 과거 범죄'라는 제목의 미사를 바티칸에서 열었다. 여기에서는 십자군 원정에 대한 사죄와 유대인 박해 그리고 소위 마녀 재판으로 알려진 교회의 가혹한 형벌, 신대륙에서의 학살 방조 등을 공식 인정했다. 이 미사의 고백 문건은 40쪽 분량으로 시대적 상황에 따라, 종교적 편협에 의해 2천년간 저질러진 과오를 돌이켜보고 새로운 화합의 장을 열겠다는 취지에서 작성된 것이다.

이 미사에 대해 신문에 실린 기사를 간추리면 다음과 같다.

먼저, 교황청은 십자군 원정에 관하여 반성했다. 이 원정은 1095년 교황 우르바누스 2세의 칙령으로 1천 5백 명의 '십자군'이란 이름으로 시작되었다. 이들은 부녀자들을 포함해 7만 명의 유대인 및 이슬람교도들을 학살하고 약탈했다. 예루살렘 거리는 발목까지 피가 넘쳤다. 여섯 차례의 원정을 통하여 콘스탄티노플과 베이루트 등의 도시들을 약탈했지만 예루살렘 점령에는 실패했다. 교황청은, 소위 '성지 회복'이라는 종교적 명분 뒤에는 베네치아 상인들의 돈벌이, 교황의 영향력 확대, 병사들의 일확천금에 대한 야망 등 불순한 동기들이 숨어 있었음도 인정했다. 이 원정은 오늘날 보수적인 신학자들마저도 '중세의 가장 잔인한 사건'으로 꼽고 있다.

유대인 박해에 관한 내용은 다음과 같다.

4세기 교부 크리소스 토머스는 유대인들이 예수를 빌라도 총독에게 넘겼다는 이유로 이들을 '백정'이라고 부르고 영원한 저주를 내렸다. 교회의 유대인 탄압이 본격화된 것은 11세기 십자군 원정 때부터이다. 이후 유대인들은 희생양으로 가장 많이 이용되었다. 교황청은 1998년에야 비로소 유대인을 대량 학살(홀로코스트)한 나치에 대해 기독교가 제대로 저항하지 못했음을 시인했다.

12세기 로마제국 황제인 프레데릭 2세가 화형을 도입했고, 교황 이노센스 4세는 1252년 신앙고백을 이끌어내기 위한 수단으로 고문의 사용을 승인했다. 마녀 화형식은 15세기부터 유행처럼 번졌고 스페인, 이탈리아 등에선 19세기가 되서야 공식 폐지

됐다.

　마지막으로 신대륙에서의 학살 방조에 관한 사실이다. 유럽의 정복자들은 선교 등의 명분을 내세워 원주민 학살을 자행했으며 당시 교회로부터 이론적인 정당성을 부여받았다. 이 과정에서 도미니크와 프란체스코파 수사들은 원주민들을 강제 개종시키는 선봉역할을 맡았다. 사실 교황청은 콜럼버스가 아메리카 발견 이듬해인 1493년 교황 알렉산더 6세가 신대륙 정복을 옹호한 점을 사과했다. 정복자들의 학살극으로 16세기 멕시코 원주민 수는 1천 5백만 명에서 3백만 명으로 급격히 감소했다.

유일한 생존자

1789년은 프랑스에 있어서 매우 뜻 있는 해일 것이다. 이때부터 시작된 소위 '혁명의 시대'가 비단 정치에만 국한된 것은 아니었다. 거의 모든 분야에 걸쳐 시작된 혁명은 수학분야에서도 예외는 아니었다. 프랑스 혁명시대의 수학자들은 당시의 수학을 매우 풍요로운 내용으로 만들었다. 또한 그들은 19세기 수학 발전 방향에도 중요한 역할을 담당했다. 이 시대의 프랑스 수학자로는 라그랑주, 콩드르세, 몽쥬, 라플라스, 르장드르, 카르노 등이 있었다.

18세기의 프랑스는 지금과는 달리 대학이 수학의 중심은 아니었다. 14세기에는 옥스퍼드대학과 함께 세계 학문의 중심적인 위치에 있었던 파리대학에서조차 수학자의 이름을 찾기란 쉬운 일이 아니다. 어쨌든, 18세기에 가장 위대한 수학자는 오일러와 라그랑주였는데 둘 중에서 누가 더 위대한가하는 것이 그 당시 재미있는 논쟁거리 중 하나였다.

라그랑주는 1736년 이탈리아의 튜린에서 11명의 형제 중 막내로 태어났고, 그의 집안에서 유일하게 성년까지 살아남은 사람이었다. 그는 튜린에서 공부하고 젊은 나이에 그 곳 사관학교에서 수학교수로 근무하였다.

1766년 오일러가 베를린을 떠났을 때 독일의 프레데릭 대제가 라그랑주에게 다음과 같은 편지를 썼다.

"유럽에서 가장 위대한 왕이 그의 궁전에 유럽에서 가장 위대한 수학자를 초빙하고 싶습니다."

그는 그 초청을 받아들여 20년 동안 오일러가 떠난 자리를 지켰고, 그 뒤 라그랑주도 베를린을 떠나 프랑스로 가게되었다. 베를린을 떠난 몇 년 후, 프랑스의 혼란스러운 정치적 상황에도 불구하고 라그랑주는 새로 설립된 에콜 노르말, 그 후 에콜 폴리테크니크의 교수직을 수락했다. 에콜 노르말은 얼마 안 있어 없어졌지만 에콜 폴리테크니크는 현대 프랑스의 많은 위대한 수학

자들이 그곳에서 공부하고, 그곳에서 교수직을 가졌기 때문에 수학사에서 가장 자주 거론되는 아주 유명한 학교이다.

라그랑주는 프랑스 혁명에서 테러의 잔학함에 혐오감을 갖게 되었다. 그는 위대한 화학자 라부아지에가 단두대로 갔을 때 이 어리석은 사형집행에 대하여 다음과 같이 말하였다.

"폭도가 그의 머리를 자르는 것은 한 순간이지만, 그것을 복원하기에는 100년도 더 걸릴 것이다."

말년에 라그랑주는 고독과 절망감에 시달렸는데, 그를 그것들로부터 구해준 사람은 그의 친구인 천문학자 레모니에의 어린 딸이었다. 그는 무려 40살 이상 어린 그녀의 열렬한 청혼에 결혼하였고, 그녀의 매우 헌신적인 사랑으로 삶의 의욕을 찾게 되었다. 나중에 라그랑주는 이 세상에서 받은 상 중 최고의 것은 자기의 어린 아내라고 정직하고 너무나도 순수하게 말했다.

라그랑주는 미적분학을 엄밀하게 하려고 시도한 최초의 수학자였다. 그의 위대한 저서 <미분의 원리를 포함하는 해석함수론>에서 성공과는 거리가 멀었던 그 시도를 하였다. 이 저서에서는 '실변수 함수론'이 처음으로 다루어지기도 하였다. 여기서 주요한 개념은 함수 $f(x)$의 테일러 급수 전개식이다. h에 관한 $f(x+h)$의 테일러 전개에서 도함수 $f'(x)$, $f''(x)$, ... 등은 h, $\frac{h}{2!}$, ... 등의 계수로써 정의된다. 오늘날 매우 일반적으로 사용되는 표기 $f'(x)$, $f''(x)$, ...등은 라그랑주가 만든 것이다. 사실 테일러 급수의 중요성은 오일러가 그것들을 미적분학에 응용했던 1755년과 라그랑주가 함수론의 기초로써 사용했던 1797년이 되서야 완전하게 인식되었다.

라그랑주의 또 다른 위대한 논문으로 <모든 차수의 수치방정식>과 그의 불후의 명작 <해석적 역학>이 있다. 1767년에 쓰여진 논문인 <모든 차수의 수치방정식>에서 그는 연분수를 써서 방정식의 실근의 근사값을 구하는 방법을 제기했으며, 1788년에 쓰여진 <해석적 역학>에는 오늘날 '라그랑주의 방정식'으로 알려진 동력학계의 일반적인 운동방정식을 담고 있다. 그의 미분방정식 특히 편미분방정식에 관한 연구는 매우 유명하다. 방정식론에 관한 그의 초기 연구의 일부분은 나중에 갈루아가 군론을 공부하게 된 계기가 되었다. 그는 또한 정수론에도 흥미를 가지고 있었다.

　　5차 이상의 방정식의 대수적 해법의 가능성에 관한 17세기와 18세기 수학자들의 노력은 결실을 보지 못했으나 18세기말에 드디어 그 가능성에 대한 의혹을 품기 시작했다. 라그랑주는 4차 방정식이 풀린 이유를 연구하던 중, 방정식의 해의 순서에 어떤 치환을 시행했을 때의 불변식을 연구하는 과정에서 대수학에서 매우 중요하고 널리 사용되는 치환군의 개념을 얻었다. 이것으로부터 1826년에 비운의 수학자 아벨이

　　"일반적으로 5차 이상의 방정식을 대수적으로 풀 수 없다."

는 것을 증명하였다.

　　아벨에 이어 요절한 천재 수학자 갈루아는 5차 이상의 방정식이 대수적으로 풀리기 위한 필요충분조건을 제시하였다.

라그랑주는 또한 미적분학의 엄밀화를 구체적으로 시도한 최초의 일류 수학자였는데, 테일러 급수전개에 의하여 함수를 표현하는 방법에 근거한 그의 시도는 수렴과 발산에 필수적인 내용을 무시했기 때문에 성공하지 못했다. 이 방법은 1797년에 발표된 <해석 함수론>에 실려있고, 이 책은 그 후에 수학연구에 깊은 영향을 주었다.

어쨌든, 라그랑주의 업적과 함께 해석학에서 직관과 분별없는 형식적인 조작을 추방하려는 작업이 시작되었고, 그가 살았던 시대의 수많은 프랑스 수학자와 매우 친밀하게 지냈던 나폴레옹은

"라그랑주는 수리과학 분야에서 치솟은 피라미드이다."

라고 그를 평가했다.

수학이란? (9)

세 명의 여행자가 한 호텔에 투숙하게 되었다. 그러나 남은 방이 하나밖에 없어서 같은 방에 묵기로 했다. 호텔 지배인은 하루 숙박비가 60,000원이라고 하였고, 세 명의 여행자는 각각 20,000원씩 내고 방으로 올라갔다. 그러나 지배인이 다시 생각해보니 하루 숙박비는 55,000원이었다. 그래서 세 여행자에게 5,000원을 돌려주기로 했다. 그러나 5,000원을 세 명에게 똑 같이 나누어주기 곤란하여 2,000원은 자기가 갖고, 나머지 3,000원을 각각에게 1,000원씩 돌려주었다. 지배인이 로비로 오면서 아무리 계산을 하여도 1,000원이 모자랐다. 세 명 각각이 20,000원씩 냈다가 1,000원씩 돌려 받았으므로 19,000원씩 냈다. 따라서 19,000× 3=57,000원이고, 자기가 2,000원을 가졌으므로 여기에 더하면 59,000원이 되었다. 도대체 1,000원은 어디로 갔을까?

 경험으로 얻은 지식을 확실하게 해준다.

박쥐가 수학을?

"로그의 발명으로 일거리가 줄어든 천문학자의 수명이 배로
연장되었다."

이 말은 네이피어가 로그를 발명한 후에 '프랑스의 뉴턴'이라 불
리는 라플라스가 한 말이다. 그가 프랑스의 뉴턴이라고 불리는
이유는 천체역학분야에서 그의 기념비적인 업적인 다섯 권으로
된 <천체 역학론> 때문이다. 이 책은 그 자신의 업적과 함께 이

전의 모든 결과를 집대성한 책이다. 즉, 유클리드의 <원론>과도 같은 것이었다. 이로 인해 라플라스는 이 분야에서 필적할 만한 사람이 없는 거장이 되었다. 이 논문과 관련하여 라플라스에게는 몇몇 재미있는 일화가 있다.

먼저, 나폴레옹과의 일화이다. 나폴레옹이 그의 논문에 왜 신에 관한 언급이 없느냐는 지적을 했다. 이에 대하여 라플라스는

"폐하, 저는 그 가설이 필요치 않았습니다."

라고 말했다. 그는 그만큼 자신의 과학적 결과에 자신이 있었던

것이다. 또 다른 일화로 미국의 천문학자 나다니 엘 보우디취는 라플라스의 논문을 영역할 때

> "나는 라플라스가 '따라서 그것은 명백하다'고 한 부분을 여러 시간 힘들여 부족한 부분을 공부하여 그것이 왜 명백한가를 알아내지 않고서는 결코 이해하지 못했다."

라고 말했다고 한다. 당시 그의 과학적 수준은 이와 같이 대단한 것이었다.

피에르 시몽 라플라스(Pierre Simon Laplace)는 프랑스 노르망 디 보오몽 아아주의 가난한 농가에서 1749년 3월 23일 태어났다. 그의 어린 시절에 관한 자료들은 거의 찾아볼 수 없다. 그에 관한 자료는 증손자인 콜베르 라플라스 후작의 성에 남아 있었지만 1925년 큰 화재로 이 성이 불타면서 소실되었고, 겨우 남은 몇몇 자료마저도 제2차 세계대전 중에 폭격으로 없어지고 말았다. 라플라스가 수학에 눈을 뜨게 된 것은 승려였던 그의 큰아버지 때문이었다. 한때 라플라스는 큰아버지와 같은 승려가 되려고 했었다. 그러나 16세 때 칸 대학에 입학한 후 수학에 흥미를 갖게 되었다.

18세 되던 해에 라플라스는 저명한 사람들의 추천장을 가지고 직장을 구하기 위하여 파리로 떠났다. 그는 당시 프랑스 최고의 수학자 달랑베르에게 이 추천장을 보냈지만 달랑베르는 거들 떠보지도 않았다. 그래서 라플라스는 역학의 일반원리에 관한 한 통의 편지를 달랑베르에게 써 보냈다. 이 편지를 읽어본 달랑베

르는 사람을 시켜 라플라스를 불렀다. 달랑베르는

"당신은 내가 추천서를 거들떠보지 않는다는 것을 아셨군요.
당신은 자신의 가치를 나에게 알려주었으므로 더 이상 어떤
추천서도 필요하지 않습니다."

며칠 후 라플라스는 파리의 육군 사관학교 수학교수에 임명되었
다.

이곳에서 라플라스는 상당히 빠르게 명성을 쌓아가고 있었
다. 그는 혹성에 관한 미해결 문제와 놀랄 만한 수학적 능력으로
프랑스 과학원으로부터 인정을 받았다. 그의 실력이 어느 정도인
지를 가늠하게 해주는 일화가 있다. 평소에 프랑스 과학원 소속

학자들에게 좀처럼 감동하지 않던 스포크스맨은 그를 다음과 같이 평했다.

"나는 일찍이 젊은 사람이 다방면에 걸친 어려운 문제에 대하여 이만큼 짧은 기간에 이렇게 많은 중요한 결과를 발표한 사람을 본 적이 없다."

1784년에 라플라스는 왕립포병대의 선발관에 임명되었다. 여기서 16세인 나폴레옹을 만나 여러 가지 일을 도와준 덕분에 나폴레옹이 정권을 장악하자 그는 내무상에 임명되었고, 나중에는 백작의 작위를 받는다. 그러나 라플라스가 내무상에 있던 기간은 단지 6주에 불과했으며 나폴레옹이 세인트헬레나 섬으로 유배된

뒤 공화정 때는 상원의원을 거쳐 1803년에 상원의장에 오른다.

어쨌든 라플라스는 변신의 천재였다. 1796년에 출판된 <우주체계 주해>의 초판은 500명의 국민회의 의원들에게 증정되었고, 1802년에 출판된 <천체 역학론> 제 3권의 서문은 이 의회를 해산시킨 나폴레옹에 대한 찬사로 가득하다. 1812년에 발행된 <확률의 해석적 이론>의 서문에서도 나폴레옹을 찬양하고 있다. 그러나 같은 책의 1814년 판에서는 이 내용을 삭제하고 다음과 같이 적고 있다.

"확률계산에 능통한 사람의 계산에 의하면, 우주의 지배를 꿈꾸었던 제국이 붕괴할 확률은 매우 높은 것으로 예측된다."

그 후에도 그는 놀라운 변신을 거듭한다. 부르봉 가가 정권을 장악했을 때에도 가장 먼저 협조한 사람이 바로 라플라스였

다. 그는 그 대가로 후작 작위를 받는다.

　그러나 라플라스는 학문적인 영역에 있어서는 어느 정도 신사다운 면모가 있었다. 그는 수학 연구를 처음 시작하는 사람들에게 매우 관대했고, 초심자들을 그의 양아들로 불렀다. 또한 연구 결과를 초심자에게 먼저 발표할 기회를 주려고 발표를 자제한 예가 많다. 그러나 슬프게도 오늘날 학문의 세계에서는 라플라스와 같은 관대함은 극히 보기 드문 일이다.

　라플라스의 이름은 우주 발생의 '성운설', 퍼텐셜 이론의 소위 '라플라스 방정식'과 '라플라스 변환' 그리고 행렬식의 '라플라스 전개'와 연관되어 있다. 종종 수학에서 나타나는 재미있는 사실 중 하나로 이름이 붙어있는 유명한 이론이 가끔은 그 이름을 가진 사람이 만들지 않았다는 것이다. 우주 발생의 성운설, 라플

라스 방정식 등은 미적분학에서 나타나는 '로피탈의 정리'를 로피탈이 만들지 않는 것과 마찬가지로 라플라스가 만든 것은 아니다. 이와 같은 것들은 후대의 수학자들이 거장의 업적을 기리기 위하여 그들의 이름을 붙인 것이다. 그의 또 다른 뛰어난 업적은 확률론과 미분방정식 그리고 측지학에서 찾을 수 있다. 그의 또 다른 기념비적인 작품으로 1812년에 발간된 <확률의 해석적 이론>을 들 수 있다.

라플라스는 수리천문학과 물리학의 거의 대부분의 분야에 적용되는 보편적인 원리를 탄생시킨 천체역학 그리고 확률론과 미분방정식에 큰 업적을 남기기는 했지만, 라플라스만큼 모순된 성격의 소유자도 없을 듯 싶다. 그는 야심에 찬 사람이었고, 훌륭한 업적과 명성에도 불구하고 뻔뻔스럽게 다른 사람의 아이디

어를 훔치기도 했다. 또한, 프랑스 혁명 시대에 공화당파와 왕당파로 번갈아가면서 변절하는 소위 '박쥐 같은 사람'이었다.

그는 생일을 며칠 앞둔 1827년 3월 5일 78세의 나이로 죽었는데 그가 죽은 1827년은 뉴턴이 죽은 지 꼭 100년이 되는 해이다. 수학에 관한 라플라스의 생각을 그가 말한 다음과 같은 짧은 이야기로 표현할 수 있다.

"모든 자연현상은 단지 몇몇 불변인 법칙들의 수학적인 귀결이다."
"확률론은 수로 표현된 상식에 불과하다."

라플라스가 한 마지막 말은

"우리가 아는 것은 미미하고 모르는 것은 무한하다."

였다.

열 받아 죽은 수학자

‘Trigonometry’는 삼각형이라는 뜻의 ‘trigon’과 측정이라는 ‘metro’ 두 단어의 합성어로 삼각법이라는 뜻이다. 이와 같은 어원으로부터 중학교에서 삼각형을 이용하여 삼각비를 공부한 것과 같이, 삼각법은 삼각형의 변의 길이, 각의 크기, 넓이 등을 구하는 방법을 연구하는 것이며, 고대에는 토지의 측량과 천문관측을 위한 수단으로 이용되었음을 쉽게 짐작 할 수 있다. 사실 삼각법의 이용은 상당히 오래 전의 일이다. 측량술이 발달됨에 따라 강의 폭, 산의 높이를 측량하여 지도를 만들고, 하늘을 관측하여 별과 행성의 운동이나 위치를 알아내는 데 쓰였다.

사실 삼각법은 기하학과 마찬가지로 고대부터 있었던 학문으로 처음에는 전적으로 천문학 연구 수단으로 발달하였다. 현대적인 삼각법의 창시자는 그리스의 히파르크스로, 그는 기원전 160년경부터 기원전 120년경까지 활약한 천문학자이다. 또 한 명의 수학자는 프톨레마이오스인데 그의 책 <알마게스트>에서는 삼각법과 기하학을 천문학에 쓸 수 있도록 쉽게 설명하고 있다. 그리고 표현 방법은 다르지만 현재 우리가 공부하고 있는 대부분의 공식을 그는 모두 알고 있었다.

근세에 접어들면서 삼각법은 다양한 분야에서 이용되고 있다. 18세기에 현의 진동을 연구하던 달랑베르는 진동의 운동방정식이 삼각급수로 표시됨을 보였다. 특히 프랑스의 수학자 푸리에는 주어진 함수를 소위 '푸리에 급수'의 무한 합으로 표시함으로써 해석학 발전에 기여하였는데, 이것은 삼각함수를 이용한 업적이었다. 어쨌든 우리들이 공부한 삼각함수의 기호는 옛날부터 사용하던 것은 아니었다.

푸리에는 1768년 프랑스의 오세르에서 태어났고 그의 아버지는 재단사였는데 그가 여덟 살 때 죽었다. 그는 베네딕트 회사가 운영하는 군사학교에서 교육을 받았고 나중에 여기에서 수학 강사를 하였다. 그 후 프랑스 혁명을 촉진시키는 데 일조를 한 공로로 에콜 폴리테크니크의 교수가 되었는데, 몽쥬와 함께 나폴레옹의 이집트 원정을 수행하기 위하여 교수직을 사임하였다.

1789년에 그는 하 이집트(Lower Egypt) 지역의 총독으로 임명되었고, 그 후 1801년 영국과의 전쟁에서 패하자 프랑스로 돌아와 그르노블의 지사가 되었다.

1807년 푸리에는 열의 흐름에 관한 논문을 프랑스 과학원에 제출하였다. 그러나 당시 과학원의 석학들은 그의 주장에 회의적이었다. 결국 라그랑주, 라플라스 그리고 르장드르에 의하여 심사된 이 논문은 기각되었다. 그러나 프랑스 과학원은 푸리에가 그의 착상을 좀 더 사려 깊게 발전시키도록 격려하기 위하여 열전달 문제를 1812년의 과학원 대상의 주제로 삼았다. 그는 1811년에 수정된 논문을 제출하였고, 결국 대상을 받았다. 그러나 그 논문이 엄밀성이 부족하다는 비판을 받아 과학원의 논문집에는 실리지 못했다. 화가 난 푸리에는 열에 관한 연구를 계속하여

1822년엔 수학의 위대한 고전 중의 하나인 <열의 해석적 이론>을 발간하였다. 이 위대한 저서가 발간된 2년 후 푸리에는 프랑스 과학원의 서기가 되었고 그 덕으로 1811년에 작성되었던 논문을 원본대로 과학원 논문집에 실을 수 있게 되었다.

푸리에 급수는 음향학, 광학, 전기역학, 열역학 등에서 이용되며 조화 해석학, 들보와 다리문제, 미분방정식의 풀이 등에서 주요한 역할을 담당한다. 특히 경계 조건을 갖는 편미분방정식의 적분을 포함하는 수리물리학의 현대적인 이론 전개 방법을 유도한 것이 바로 푸리에 급수이다. 푸리에는 구간 $(-\pi, \pi)$ 위에 정의된 임의의 함수가 아무리 변화가 심하더라도 적당한 실수 a, b에 대하여, 그 구간 위에서 급수 $\frac{a_0}{2} + \sum_{n=1}^{\infty}(a_n \cos nx + b_n \sin nx)$로 표현될 수 있다고 주장하였다. 이 급수를 '삼각급수'라고 부르며, 적당한 조건에서 '푸리에 급수'라고 부른다.

열이 최고야!

　　그가 죽은 후인 1831년에 편집하여 출판된 책에서 대수방정식의 해의 위치에 관한 푸리에의 논문을 찾을 수 있는데, 이 논문은 오늘날 방정식론의 교과서로 여겨진다. 맥스웰은 푸리에의 논문을 '위대한 수학적 시'라고 표현했다.

　　푸리에에 관한 재미있는 일화가 있다. 그가 이집트의 총독으로 있었던 동안의 경험과 열에 관한 연구로부터 그는 사막의 열이 건강에 좋다는 확신을 가지게 되었던 것 같다. 그래서 많은 옷을 껴입고 견딜 수 없을 정도로 더운 방에서 살았다. 그는 63세에 심장마비로 죽었는데, 일부 사람들은 그가 열에 대한 망상 때문에 죽음을 재촉했다고 믿고 있다. 사실 죽은 후 발견된 그는 열에 의하여 완전히 익어 있었다.

그러나 그는 수학자로서 열의 수학적 이론에 관한 그의 초기의 논문에

"자연을 깊이 연구하는 것이 수학적 발견의 가장 풍요로운 원천이다."

라는 훌륭한 말을 남겼다.

수학이란? (10)

임의의 양의 실수 x에 대하여 $E(x) = x^{x^x}$라 하자. 그러면 이 함수는 단조증가함수임을 알 수 있다. 이때 $E(x) = 2$인 x를 구해보자.

$E(x) = x^{x^x}$이므로 $E(x) = x^{E(x)}$이다. 따라서 $2 = x^2$ 이므로 $x = \sqrt{2}$이다.

또 $E(x) = 4$인 x를 구해보자. 마찬가지로 $E(x) = x^{E(x)} = 4$ 이므로 $x^4 = 4$이다. x가 양수이므로 $x = \sqrt{2}$이다. 그렇다면

$E(\sqrt{2}) = 2 = 4$ 이다. 따라서 $1 = 2$ 이다. 즉, 모든 실수는 같다? 어디가 틀렸을까? 그것은 1보다 큰 실수에 대하여 $E(x) = x^{x^{x^{x^{\cdots}}}}$ 는 수렴하지 않는다. 따라서 2 또는 4에 수렴한다고 가정한 것이 잘못이다.

 수학에서 비약이란 없다.

평행선은 평행할까

그리자. 그리자. 평행선을 그리자.

수학의 성서인 유클리드의 <원론>에는 다섯 개의 공준이 있다. 이 중에서 다섯 번째 공준인 소위 '평행공준'은 많은 사람들의 관심의 대상이었다. 평행공준은 다음과 같다.

> "한 직선이 두 직선과 만날 때 어느 한 쪽에 있는 내각의 합이 두 직각보다 작으면 이 두 직선은 무한히 연장될 때 그 쪽에서 만난다."

여기서 유클리드가 정의한 대로 평행선이란 동일 평면 위에 있고 어느 방향으로든지 무한히 연장해도 결코 만나지 않는 두 직선이다. 이와 같은 유클리드의 평행공준을 바꾸려고 고안된 많은 대체물 중에서 가장 널리 이용되는 것은 5세기에 프로클로스에 의하여 기술되고 현대에 와서 스코틀랜드의 물리학자이며 수학자인 플레이페어에 의하여 만들어진 것이다. 이것은 오늘날 중·고등학교 수학 교과서에 가장 자주 나타나는 대체 공리이다. 즉,

"주어진 직선 위에 있지 않은 한 점을 지나서 주어진 직선에 평행한 직선을 단 하나 그릴 수 있다."

수세기에 걸쳐서 유클리드의 평행공준을 유클리드의 다른 네 개의 공준으로부터 유도하려는 시도가 계속되었으나 모두 실패하였다. 평행공준의 증명을 처음으로 시도한 사람은 2세기의 수학자 프톨레마이오스였다. 그는 천문학에서 대단히 뛰어난 책인 <알마게스트>를 쓴 사람이다. 그 뒤 프로클로스도 시도했지만 실패했고, 이후로도 여러 명의 수학자들이 시도했지만 만족할 만한 결과를 얻을 수 없었다. 그리스 시대이래 18세기까지 많은 수학자들은 유클리드 기하학이야말로 우리를 둘러싼 세계를 정확하게 반영하고 있으며, 또 세계를 이상화한 유일한 모습이라고 믿어왔다. 이 신념을 구체적으로 확인하려는 노력이 17세기쯤부터 활발해졌다. 사실, 평행선 공준에 대하여 실제적이며 과학적인 연구논문을 최초로 발표함으로써 새로운 길을 개척한 사람은 이탈리아 예수교 목사인 사케리였다. 그는 소위 '사케리의 사변형'을 이용하여 증명을 시도했다. 한편 평행공준에 대하여 사케리와 비슷한 접근을 시도한 사람은 1767년 π가 무리수임을 증

명한 람베르트였다. 그 후 프랑스의 수학자 르장드르가 그 증명
을 시도했으나 결과는 신통치 않았다.

　수학의 황제라고 불리는 가우스야말로 평행공준이 유클리드
의 다른 공준들과 독립적이라고 최초로 예감한 사람일 것이다.
비록 그 자신이 결과를 발표하지는 않았지만 유사한 연구를 계
속하는 사람을 격려하고 도와주었다. 평행공준이 성립하지 않는
비유클리드 기하학을 가우스 다음으로 예감한 사람은 가우스와
괴팅겐대학의 동기인 헝가리 수학자 볼프강 보야이의 아들로 헝
가리 장교였던 야노스 보야이와 러시아의 로바체프스키였다.

　보야이는 1832년 아버지의 수학책 부록에 그의 발견을 발표
했다. 그 후 로바체프스키가 1829~1830년경에 비슷한 발견을 발
표했다는 사실이 알려졌지만, 러시아인으로서의 언어 장애와 새
로운 발견에 대한 정보의 전파가 느렸기 때문에 로바체프스키의
논문이 서유럽에 알려지는 데는 몇 년이 걸렸다. 보야이는 수학

교사였던 아버지의 영향을 받았다고 전해진다. 1823년 보야이는 그에게 직면한 실체를 이해하였으며 그 해 아버지에게 쓴 편지에서 그 연구에 매우 열중하였음을 알 수 있다. 그는 이 편지에서 자료를 정리할 시간과 기회를 찾을 수 있으면 바로 평행이론에 관한 연구를 발표하고 싶다고 밝히고 다음과 같이 말했다.

"나는 무로부터 이상하고 새로운 세계를 만들어냈다."

평행에 대한 그의 이론은 그로부터 3년 후인 1832년 아버지 책의 첫 번째 권에 26쪽 짜리 부록으로 발간되었다.
21세의 젊은 나이에 러시아의 카잔대학 교수로 또 나중에는 그 대학의 학장을 지낸 로바체프스키는 '기하학에서의 코페르니쿠스'로 불리며, '로바체프스키 기하학'이라는 획기적인 분야를 창조하여 기하학에 혁명을 가져온 인물이다. 로바체프스키는 유클리드 기하학이 종래 생각되어온 것처럼 정밀한 과학도, 절대적 진리도 아니었음을 보여주었다. 사실 어떤 의미로는 비유클리드 기하학의 발견은 무리수를 발견한 피타고라스 학설에 미친 영향과 견줄 수 있을 만한 결정적인 타격을 칸트철학에 주었다.

로바체프스키는 1826년 2월 11일, 카잔대학 이학부의 집회에서 자신의 논문 <평행선의 정리에 관한 엄밀한 증명을 수반한 기하학 기초의 간결한 설명>을 강연하였다. 3년 후인 1829년에 이 논문을 보완한 <기하학 원리에 관하여>를 발표하였다.

로바체프스키와 보야이의 사상이 널리 알려지게 된 것은 1867년 이 두 사람의 저서가 프랑스어로 번역되면서부터이다. 그러나 거의 독학이나 다름없었던 보야이의 논문은 표현이 어려웠기 때문에 로바체프스키만큼 주목을 끌지는 못했다. 로바체프스키를 가르친 스승은 가우스를 가르친 적이 있었던 독일인 교수 바르텔스였다. 로바체프스키는 그의 스승 밑에서 오일러의 미적분학, 라그랑주의 해석역학, 라플라스의 천체역학, 몽쥬의 기하학, 르장드르와 가우스의 정수론 등 당시 일류의 수학에 관해 철저히 지도 받았다. 그러나 보야이는 수학교사였던 아버지로부터 배운 것 이외에는 거의 독학으로 연구한 것이었으므로 그의 논문을 이해하기에는 읽는 사람의 부담이 컸다. 이에 비하여 수학교육을 충분히 받은 로바체프스키의 논문은 깔끔하고 논리적인 표현으로 읽기 쉽다는 이점이 있었다.

1850년대에는 또 다른 비유클리드 기하학이 발표되었다. 그

것은 <기하학의 기초를 이루는 가설에 관하여>란 논문을 발표
한 리만에 의해서이다. 이 논문은 1854년 그의 교수 취임 강연의
내용이었고, 출판된 것은 1866년의 일이었다. 그는 이 논문에서
기존의 평행선 공준과 함께 '직선은 한없이 연장할 수 있다'고
하는 공준까지도 부정하였다. 그 결과 '삼각형의 내각의 합은 항
상 2직각보다 크다'라는 것을 증명하였다. 이로써 기하학은 유클
리드 기하학, 로바체프스키-보야이의 기하학 그리고 리만의 기
하학으로 나뉘어지게 되었다. 그 후, 로바체프스키-보야이의 기
하학을 쌍곡기하학, 리만의 기하학을 타원기하학 그리고 유클리
드의 기하학을 포물기하학이라고 부르게 되었다.

유클리드 기하학과 비유클리드 기하학을 비교해보면 다음과
같은 세 가지로 요약할 수 있다. 첫째로 유클리드 기하학과 비유
클리드 기하학은 수학적, 논리적으로 동치이다. 둘째, 이 두 기하

학은 경험적 실재성을 지닌다. 그리고 마지막으로 이른바 선험설, 직관설, 형식설 등은 기하학의 기초에 관한 충분한 설명 원리가 되지 못한다는 것이다. 그러나 우리의 일상생활에서는 아무래도 유클리드 기하학이 가장 편리하다. 즉 가장 간단하고, 경험자 세계와도 충분히 접근하고 있으며 실제 근사적인 측정의 결과는 모두 유클리드 기하학과 일치한다. 어쨌든 보다 자세한 내용은 다음에 나오는 '약속은 깨지기 위해 있다'에서 자세히 알아보기로 하자.

약속은 깨지기 위해 있다?

앞에서 우리는 유클리드 기하학으로부터 비유클리드 기하학이 나오기까지의 과정을 간단하게 알아보았다. 여기서는 유클리드 기하학과 두 비유클리드 기하학인 쌍곡기하학과 타원기하학에 관하여 간단하게 알아보자.

평행선 공준의 증명에 실패한 뒤 사람들은 이것을 부정하는 기하학을 세우게 되었고, 19세기 초에 로바체프스키와 보야이는 유클리드의 다섯 번째 공준을 다음과 같이 바꾸어 비유클리드 기하학 중에서 쌍곡기하학을 탄생시켰다.

> "주어진 직선 l 위에 있지 않은 주어진 점 P를 지나며 l과 만나지 않고 P와 l을 품는 평면에 놓인 선을 두 개 이상 그릴 수 있다."

반면에 리만은 유클리드의 첫번째, 두 번째, 다섯 번째 공준을 각각 다음과 같이 수정하여 비유클리드 기하학 중에서 타원기하학을 탄생시켰다.

1. 임의의 두 점은 적어도 하나의 직선을 결정한다.

2. 직선은 끝이 없으나 유한 길이를 갖는다.
5. 한 평면 위에 있는 임의의 두 직선은 반드시 만난다.

리만은 타원기하학의 성질이 구면상의 특성과 매우 유사한 점이 많아서 구면을 타원평면으로 택하였다. 구면상의 점을 타원평면의 점으로, 두 점을 지나는 직선은 두 점을 지나는 대원으로 생각하였다. 또한, 타원평면을 구의 상반부로 택하는 경우를 단일 타원기하학이라 하고, 구면 전체를 택하는 경우를 이중타원기하학이라고 했다.

이 두 기하학은 새로운 수학을 여는 신호탄이 되었다. 이제 유클리드 기하학과 두 가지 비유클리드 기하학의 차이점을 표로 간단히 알아보자.

	유클리드 기하학	쌍곡기하학	타원기하학
서로 다른 두 직선 교점의 개수	많아야 하나	많아야 하나	단일타원 : 하나 이중타원 : 둘
평행선의 개수	단 하나	적어도 둘	존재하지 않는다.
두 평행선의 거리 변화	일정한 거리 유지	일정한 거리를 유지하지 않는다.	
직선은 한 점에 의하여 두 부분으로 나누어진다.	나누어진다.	나누어진다.	나누어지지 않는다.
삼각형 내각의 합	180°	180° 보다 작다.	180° 보다 크다.

유클리드 기하학과 두 가지 비유클리드 기하학인 쌍곡기하학과 타원기하학을 그림으로 설명해보자.

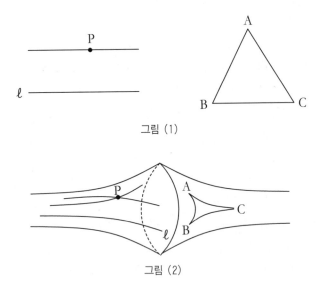

그림 (1)

그림 (2)

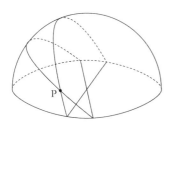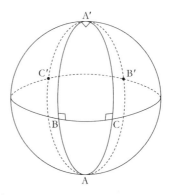

그림 (3)

그림 (1)은 우리가 중·고등학교에서 배운 유클리드 기하학이다. 그림 (2)는 추적선을 x축을 회전축으로 회전하여 얻은 곡면으로 쌍곡기하학을 설명하는 그림이다. 추적선은 곡선 위의 각 접점과 x축 사이의 접선의 길이가 항상 일정한 곡선으로 1676년 뉴턴이 소개하였다. 그림 (2)에서 보듯이 점 P를 지나며 직선 l에 평행인 직선은 적어도 두 개 이상 그릴 수 있으며, 이 평행선들은 항상 같은 거리를 유지하지는 않는다. 또한 그림 (2)에서 주어진 삼각형 ABC의 내각의 합은 180°보다 작다. 그림 (3)에서 왼쪽의 그림은 단일타원이고, 오른쪽의 그림은 이중타원이다. 이 그림에서 직선은 대원이므로 어느 경우이든지 평행선은 존재하지 않으며, 오른쪽 그림에서 알 수 있듯이 두 직선은 반드시 두 점에서 만난다. 즉, 직선 AB와 직선 AC는 두 점 A와 A'에서 만난다. 또한 그림 (3)에서 삼각형 ABC의 내각의 크기의 합은 270°이다.

　　과연 이와 같은 비유클리드 기하학의 결과는 무엇이었을까? 그것은 수학이 전통적인 기하학적 모형으로부터 자유로워졌다는 것이다. 이는 공리 또는 공준을 의심함으로써 놀라운 발견을 해내는 인간의 끝없는 지적 욕구의 산물이기도 하다. 실제로 해밀턴과 케일리는 곱셈에 관한 교환법칙의 공리를 의심했고, 코페르니쿠스는 지구가 태양계의 중심이라는 공리를 의심했으며, 갈릴레오는 무거운 물체가 빨리 떨어진다는 공리를 의심함으로써 뛰어난 학문적 업적을 이룰 수 있었다. 특히 아인슈타인에게 어떻게 상대성이론을 발견하게 되었는가하고 물었을 때 그는 다음과 같이 대답했다.

　　"나는 서로 다른 두 순간 중 하나는 반드시 다른 것보다 앞선다는 공리를 의심했다."

　　즉, 전통적인 믿음에 대한 건설적인 의심이 새롭고 놀라운 세계를 여는 열쇠가 되는 것이다.

　　여러분도 너무나도 당연시했던 주위의 여러 가지 상황을 의심해보기 바란다. 또 아는가? 제2의 아인슈타인이 나올지…

수학이란? (11)

지구에서 멀리 떨어져 있는 우주에 엄청나게 큰 호텔이 있다. 이 호텔에는 무한 개의 방이 있다. 그래서 이 호텔 지배인은 아무리 많은 손님이 와도 모두 방을 마련해주었다.

　어느 날, 이 호텔에 무한 명의 손님이 와서 방이 꽉 차게 되었다. 그런데 한 우주인이 여행도중 이 호텔에 오게 되었다. 그래서 이 호텔 지배인은 각 방의 손님들에게 1호실은 2호실로, 2호실은 3호실로, 3호실은 4호실로…, 이런 식으로 모두 방을 옮겨달라고 부탁하였다. 그랬더니 1호실이 비었고, 그 우주인은 이 방에 들어갔다.

그 다음 날, 또 무한 명의 손님들이 이 호텔로 몰려왔다. 이 사람들은 각자가 하나씩의 방을 요구했다. 이 지배인은 어떻게 그들에게 모두 하나씩의 방을 내주었을까? 그것은 다음과 같은 방법이었다. 모든 손님들에게 자기가 있는 방 호수의 2배가되는 호수의 방으로 이동해달라고 부탁했다. 그 결과 손님은 모두 짝수 호수의 방으로 가게 되었다. 그래서 새로 온 무한 명의 손님들을 홀수 호수의 방으로 안내했다.

 쉽지만 까다롭다.

미리 죽은 수학자

유클리드의 기하학이
가장 믿을만한
학문이다.

19세기가 시작되고도 오랜 기간 동안 철학자뿐만 아니라 수학자 사이에서도 유클리드의 신화가 확고하게 자리잡고 있었다. 당시 사람들은 수학을 가장 확실하고 믿을 만한 지식 분야라고 생각했다. 그러나 19세기 중반부터 두 가지의 커다란 변화가 일어나기 시작했다. 하나는 비유클리드 기하학의 발견이었고, 또 다른 하나는 해석학의 발달이었다. 특히 해석학의 발달로 인하여 모든 곳에서 미분 불가능한 연속 곡선과 공간을 채우는 곡선이 발견되었고 이 때문에 기하학적 직관에서 벗어나게 되었다.

연속인 곡선에서 미분 불가능이란 그 곡선 위의 어떤 점에서도 접선을 그을 수 없다는 것이다. 이것은 미분학의 기초를 뒤흔드는 사건이었다. 이런 곡선이 존재한다는 것은 순간마다 다른 속도로 움직이는 점이 있다는 것이다. 이와 같은 성질을 갖는 곡선은 다음과 같이 만들 수 있다.

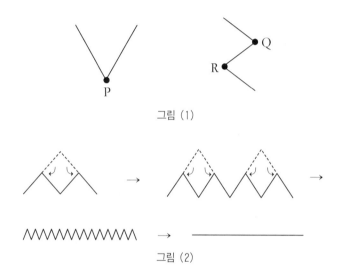

그림 (1)

그림 (2)

우선 그림 (1)에서와 같이 꺾인 점에서는 미분 불가능이다. 이 연속 곡선을 그림 (2)와 같이 몇 번 더 꺾는다. 이 과정을 계속해나가면 더 복잡한 곡선이 되고, 결국 어떤 점에서도 일정한 기울기를 갖지 않는 곡선, 즉 모든 점에서 연속이지만 모든 점에서 미분할 수 없는 곡선이 만들어진다.

또 다른 한가지는 넓이와 같은 곡선에 관한 것이다. 이탈리아의 수학자 페아노는 움직이는 점에 의하여 만들어지는 도형 중에서 평면 도형의 내부와 같게 되는 것이 있다는 것을 보였다. 즉, 한 정사각형의 내부의 모든 점을 통과하는 곡선을 만든 것이다. 이것은 정사각형의 넓이가 곡선의 길이와 같다는 것이다. 그림과 같이 하나의 정사각형을 크기가 같은 4개의 정사각형으로 분할하고, 각 정사각형의 중심을 꺾은선으로 이루어진 연속인 선으로 잇는다. 이 선 위를 일정 시간동안 등속 운동하는 점을 생각하자.

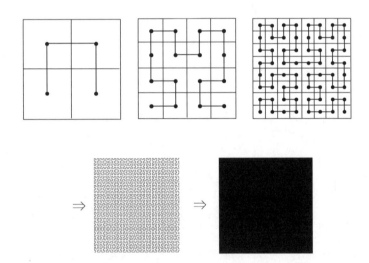

다시 4개의 정사각형을 분할하여 16개의 정사각형을 만들고 그 중심을 잇는다. 마찬가지로 이 꺾은 선 위를 등속 운동하는 점을 생각하자. 이와 같은 방법을 계속하면 결국 주어진 정사각

형 내의 모든 점을 통과하는 선을 생각할 수 있다. 우리는 이 곡
선을 '페아노 곡선'이라고 부른다. 이것으로부터

"정사각형의 넓이는 곡선의 길이와 같다."

는 결론을 얻을 수 있다. 그러나 정사각형을 아무리 작게 쪼개도
계속 정사각형을 얻게 되므로 이 결론은 사실이 아니다. 즉, 정
사각형은 한없이 쪼개어도 점으로는 메워지지 않는다.

19세기 수학자들은 앞에서 말한 것과 같은 난해한 문제들을

차근차근 해결해나갔다. 데데킨트와 바이어슈트라스를 선도로 하여 수학자들은 드디어 수학의 기초를 기하학이 아니라 수론에서 찾기 시작했다. 결국 이들은 실수체계를 구성하는 새로운 방법을 만들었는데 그 중 한가지가 데데킨트에 의하여 만들어졌다.

리처드 데데킨트는 법학교수인 율리우스 레빈 울리치 데데킨트의 네 아이 중 막내로 1831년에 부룬스윅에서 태어났다. 이 곳은 '수학의 황제'로 불리는 가우스가 태어난 곳이기도 하다.

데데킨트는 일곱 살에서 열여섯 살까지 그의 고향에 있는 대학예비학교인 김나지움에서 공부했다. 그의 어린 시절은 그저 평범하였다. 사실 그의 관심은 물리학과 화학에 있었고, 수학을 과학의 시녀와 같이 생각하고 있었다. 그래서 그는 물리학을 공부하였다. 그런데 열일곱 살 때 물리학으로는 도저히 설명할 수 없는 이론을 수학으로 해결하였다. 그 이후 그는 수학이 과학의 시녀라는 생각을 버리게 되었다.

그는 1848년 카로린 대학에 입학해, 해석학의 기초, 고급대수, 미적분학 그리고 고차역학을 배우는데 여기서 배운 것들은 그가 앞으로 연구하게 될 여러 가지 것들의 기초가 되었다. 그의 나이 열 아홉인 1850년에는 괴팅겐대학에 입학했다. 괴팅겐대학에서 그의 선생은 수론을 연구하는 모리츠 아브라함 스턴, 가우스 그리고 물리학자 웨버였다. 그는 이 세 명으로부터 미적분학, 고차산술의 기초, 최소제곱, 고차 측지학 그리고 실험물리 등의 완전한 기초지식을 얻었다. 그의 나이 21세 때인 1852년에 가우스로부터 오일러 정수에 대한 짧은 학위논문으로 박사학위를 받았다.

데데킨트의 수학적 업적 중 하나는 수의 정의에 관한 것이다. 이 중에서 '데데킨트의 절단(Dedekind Cut)'이라는 해석학의 기초가 되는 무리수의 정리를 살펴보자. 무리수에 대한 데데킨트의 생각의 요점은 '절단(Cut)' 또는 '마디(Schnitt)'의 개념이다. 간단히 말해서 절단이란 모든 유리수를 두 부류로 나누는 것이다. 유리수 전체를 다음 네 가지 조건을 만족하는 A, B의 두 부류로 분할하였다고 하자.

(1) A, B에 공통으로 포함되는 유리수는 존재하지 않는다.
(2) 어떤 유리수도 반드시 A 아니면 B에 속한다.
(3) A에 속하는 수 모두는 B에 속하는 수보다 작다.
(4) A, B에는 각각 무한히 많은 유리수가 포함되어 있다.

이와 같은 유리수 전체의 분할을 '절단'이라고 하고 (A, B)

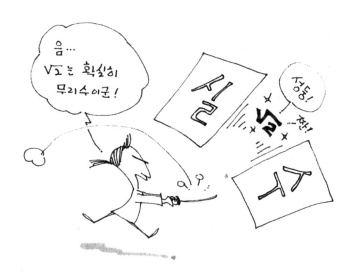

로 나타낸다. 이것을 이용하여 데데킨트는 유리수와 무리수를 다음과 같이 정의하였다.

"일반적으로 어떤 절단 (A, B)에서 A에 최대수가 없고 B에 최소수가 없을 때 이것을 무리수라 하며, A에 최대수가 있거나 B에 최소수가 있을 때 이것을 유리수라고 한다."

예를 들어, 양의 유리수 전체 중에서 그 제곱이 2보다 큰 수 전체를 B, 그 이외의 양·음의 유리수 전체를 A라 하면 이 A, B 는 위의 네 가지 조건을 모두 만족시킨다. 따라서 (A, B)는 절단이다. 이 절단 (A, B)에서는 A에 최대유리수가 없고, B에 최소유리수가 없다. 데데킨트는 이 절단을 (A, B)=$\sqrt{2}$ 로 나타내었다.

이와 같은 데데킨트의 절단은 무리수를 정확하게 정의하고 있다.

데데킨트에 대한 소위 '수학자 달력'이라는 유명한 일화가 있다. 그것은 그가 죽기 12년 전인 1897년 9월 4일 튜브너의 '수학자 달력'에 그 자신이 이미 죽은 것으로 기록되어 있었고, 이것을 본 데데킨트는 아주 재미있어 했다고 한다. 멀쩡하게 살아 있는 사람을 죽었다고 했으니 아마도 당사자로서는 어이가 없었을 것이다. 그날을 정정해야 한다고 생각한 데데킨트는 그 달력의 편집자에게 자기가 죽은 연도가 잘못되었음을 알리는 다음과 같은 내용의 편지를 보냈다.

"나 자신의 비망록에 의하면 나는 이날 아주 건강하게 지냈고 '계와 정리'라는 아주 흥미로운 이야기를 하며 나의 오찬 손님과 존경하는 할의 친구 칸토르와 즐겁게 지냈습니다."

이 편지를 받은 편집자의 심정은 어떠했을까?

그림자가 전부이다

유클리드 기하학에서 평행공준을 다른 공준으로 증명하려는 많은 시도가 있었으나 모두 실패하였고, 소위 비유클리드 기하학을 발견한 것은 19세기 전반이었다. 19세기에는 퐁슬레, 뫼비우스 등에 의하여 선분의 길이, 각의 크기 등을 다루는 유클리드 기하학과는 다른 사영 기하학의 연구가 활발했었다. 이와 같은 여러 가지 기하학을 통일 또는 분류하는 원리를 생각하는 수학자가 있었으니, 그가 바로 23세에 에를랑겐 대학의 교수가 된 클라인이다.

클라인은 1849년 뒤셀도르프에서 태어나서 본, 괴팅겐, 베를린 대학에서 공부하였으며, 본에서 플뤼커의 조교 생활을 하였다. 1868년 본대학에서 박사학위를 받았으며 파리에 유학했다. 1872년에 그는 에를랑겐 대학교에서 처음으로 교수생활을 시작하였다. 당시 에를랑겐 대학은 신임교수가 자기의 전문 분야를 소개하는 의미로 자신의 연구실적을 강연하고, 장래 연구 계획을 알리는 관례가 있었다. 그래서 클라인은 취임강연을 위하여 '에를랑겐 프로그램'을 제출하였다. 클라인의 '에를랑겐 프로그램'은 그 당시에 존재했던 모든 기하학을 근본적으로 요약했으며, 기하학에 새롭고 풍요로운 연구방향을 제시하였다. 이때가 바로 군론

이 거의 모든 수학에 도입된 때이며, 일부 수학자들이 모든 수학은 군론의 어떤 변형에 불과하다고 느끼기 시작한 시기이다.

그의 에를랑겐 프로그램을 간단하게 알아보기 위하여 먼저 약간의 기하학적인 지식이 필요하다. 우선 기하학에는 사영 기하학이라는 것이 있다. 사영 기하학은 이탈리아의 문예부흥 시대에 조형미술, 건축 등에서 필요한 실용수학인 레오나르도 다빈치의 투시도법에서 비롯된 것으로, 물체를 눈에 보이는 대로 평면상에 재현시키는 것이다. 즉, 사영과 절단이라는 기본적인 조작이 기하학에 도입된 것이다. 천재적인 수학자 파스칼이 16세 때 증명한

"한 육각형이 원추곡선 안에 내접한다면 세 쌍의 대변의 교점들은 한 직선 위에 있고, 또 그 역도 성립한다."

라는 소위 '신비의 육선형 정리'는 바로 사영기하학의 유명한 정리이다.

클라인은 에를랑겐 프로그램에서 사영기하학을 다음과 같이

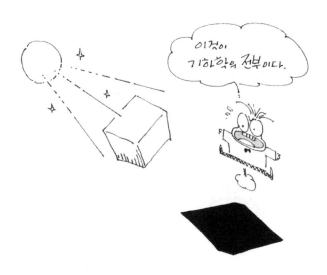

정의하고 있다.

"사영 기하학이란 사영 변환에 의하여 불변인 성질을 연구하는 기하학이다."

다음으로 클라인은 로바체프스키와 보야이가 주장한 비유클리드 기하학을 복비를 사용하여 설명하였다. 따라서 평면 비유클리드 거리 기하학은 평행이동, 회전, 반전이 혼합된 변환군에서 불변으로 남아 있는 비유클리드 평면 위의 점의 성질을 연구하는 것으로 생각할 수 있다. 이와 같은 기하학에서 어떤 변환군의 변환이 작용하게 되는 기본 요소는 점이므로 이런 기하학을 소위 '점 기하학'이라고 한다.

또 다른 특징은 기하학이 다른 것을 포함하는 방식이다. 평면 유클리드 기하학의 변환군이 평면 닮음 기하학의 변환군의 부분군이므로 평면닮음 기하학에서 성립되는 정리는 평면 유클리드 기하학에서도 반드시 성립하여야만 한다. 이런 점에서 보면 사영 기하학은 평면 유클리드 기하학과 닮음 기하학 각각에 존재한다는 것을 보일 수 있고, 일련의 짝지어진 기하학을 얻는다. 이와 관련하여 불변식론의 대가인 케일리는

"사영 기하학은 모든 기하학이다."

라고 말하였다.

클라인 이전의 기하학은 모두 평면 기하학이었다. 그러나 평면에서의 소위 '계량적'인 유클리드 기하학은 삼차원 공간이나 그 이상 차원의 공간에서도 수행될 수 있다. 따라서 이 고차원 기하학 각각은 그에 관련된 어떤 변환군에 대해서 불변인 성질의 연구가 된다. 이와 같은 사실들의 고찰은 클라인으로 하여금 기하학에 대해서 놀랍고 매우 생산적이며 매우 일반적인 정의를 내리게 했다. 그 정의는 기하학적 연구의 새로운 영역을 개척했으며, 그 당시 기하학에 존재했던 혼동에 대해서 아름다운 질서를 제공해주었다.

거의 50년 동안 기하학에 대한 클라인의 요약과 통합은 근본적으로 정당하였다. 그러나 20세기에 들어오자마자 수학자들이 기하학으로 불려야 한다고 느꼈던 많은 수학적인 문제들이 나타났다. 이 문제들은 클라인의 분류에 적합하지 않았으며, 어떤 변

환군에 의하여 정의될 수 있거나 또는, 정의될 수 없는 중복된 구조를 가지는 추상 공간의 개념에 근거한 문제들에 대한 새로운 관점이 개발되었다. 실제로 이 새로운 기하학 중 일부는 아인슈타인의 일반 상대성 이론의 일부가 된 물리적 공간의 현대 이론에 응용되었다. 클라인의 개념은 여전히 매우 유용하게 응용되고 있으며, 앞에서 언급한 클라인의 정의에 맞는 기하학을 '클라인 기하학'이라 부르기도 한다. 클라인의 기하학밖에 존재하는 기하를 포함하도록 클라인의 정의를 확장하고 일반화하려는 노력이 베블렌과 카르탕 등에 의하여 부분적으로 성공을 거두었다.

클라인은 1880년부터 1886년까지 뮌헨, 라이프치히 대학교에서 교수로 있었으며, 1886년부터 1913년까지 괴팅겐 대학교에서 학과장을 역임했다. 클라인이 괴팅겐 대학교에서 수학과장으로

재직하고 있는 동안 그곳은 전 세계 수학자들의 메카가 되었다. 놀랄 만큼 많은 일류 수학자가 이 대학에서 공부하거나 가우스, 디리클레, 리만의 훌륭한 계승자로서 재직하여 괴팅겐 수학학파를 현대의 가장 유명한 학파 중의 하나로 만들었다. 이 수학자 중에는 현대의 가장 위대한 수학자 힐베르트, 유명한 정수론 학자 란다우, 러시아 태생의 기하학적 정수론의 창시자인 민코우스키, 수리논리에 대한 힐베르트의 공동 연구자인 아케르만, 함수론에서 명성을 얻은 그리스 수학자 카라테오도리, 제르멜로의 공준으로 유명한 제르멜로, 미분방정식을 공부하는 학생에게 룬게-쿠타 방법으로 알려져 있는 룬게, 유명한 여성 대수학자 네더, 데데킨트의 절단으로 알려진 데데킨트, 힐베르트가 파리에서 열린 국제 수학자 대회에서 제시한 23개 수학문제 중의 하나를 최초로 푼 수학자인 덴, 수학의 기초와 철학에 관한 논문으로 특히 알려진 바일 등등 많은 사람들이 있다.

오늘날 기하학은 대체로 크게 두 가지로 즉, 클라인의 기하학과 다양체상의 기하학으로 분류되고 있다. 클라인의 기하학은 대체로 19세기 중에 그 주요한 발전이 끝나고 현재에는 다양체상의 기하학이 발전을 계속하고 있다. 또한, 20세기 초 이래로 급속히 발전한 위상기하학은 위상변환에 의하여 불변인 성질을 연구하는 것으로 클라인의 기하학이다.

수학이란? (12)

다음 그림을 잘 보면 무엇이 보일까? 천사일까? 악마일까? 천사 눈에는 천사가 보일 것이고 악마 눈에는 악마가 보인다는데…

천국과 지옥(1960)

 대칭적이다.

이것은 집입니다

그의 시대에서 가장 뛰어난 수학자로 알려져 있는 푸앵카레는 수학을 다음과 같이 정의했다.

"수학이란 서로 다른 것에 같은 이름을 주는 학문이다."

사실 그는 수학의 모든 분야가 학문범위였다고 말할 수 있는 마지막 사람일 것이다. 현대 수학은 믿을 수 없을 만큼 빠른 속도로 확장되고 있기 때문에 누군가 그런 영예를 다시 얻기는 거의 불가능한 일이다. 그는 아르키메데스, 뉴턴, 가우스와 어깨를 나란히 할 수 있는 인류 역사상 네 번째의 수학자이다.

앙리 푸앵카레는 1854년에 프랑스의 낭시에서 태어났다. 그는 제1차 세계대전 동안 프랑스 공화정의 대통령을 지낸 유명한 정치가 레이몽 푸앵카레의 사촌이었다. 1875년 에콜 폴리테크니크를 졸업한 그는 1879년 광산학교에서 채광기사 자격을 취득했고, 같은 해에 파리 대학교에서 이학박사 학위를 받았다. 그는 광산학교를 졸업하자마자 카엥대학교의 강사로 임명되었으며, 2년 후에는 파리대학교로 옮겨 1912년 죽을 때까지 수학과 과학 분야에서 여러 요직을 두루 거쳤다. 푸앵카레는 심한 근시인데다 어눌하고 바보 같아 보였지만 무엇이고 한 번 읽은 것은 거의 완벽하게 기억해내는 사람이었다. 그는 가만히 앉아있지 못하고 서성거리며 머리 속으로 수학을 연구하고, 생각이 정리되면 새로 쓰거나 삭제 없이 재빨리 논문으로 만들었다.

천재적인 재능을 가진 푸앵카레였지만 손재주는 없었다. 이에 관한 재미있는 이야기가 있다. 그는 양손 모두로 글씨를 잘 쓰지 못했기 때문에 스스로 양손잡이라고 말하기도 했다. 그림에도 재주가 없어서 이 분야의 학교 성적은 언제나 낙제점이었다. 졸업할 때 그의 친구들이 장난으로 그의 예술적 걸작을 일반에게 전시하기로 계획했는데, 그들은 도저히 무엇을 그린 그림인지 알 수 없는 각 작품에 그리스어로 '이것은 집입니다' '이것은 말입니다' 등의 꼬리표를 붙였다.

그의 수학적 창조는 갑작스럽게 생각나서 이루어지는 경우가 많았다. 그리고 이러한 사실들을 20세기 초엽 파리의 심리학회에서 가진 그의 강연 내용 중에 스스럼없이 밝히기도 했다.

그는 15일 동안이나 푸크스 함수와 같은 것은 존재하지 않는다는 것을 증명하려고 애쓰고 있었다. 그는 날마다 두 세 시간 책상 앞에 앉은 채 수많은 조합을 만들어보았지만 결과는 나오지 않았다. 어느 날 밤 그는 습관을 무시하고 커피에 밀크를 넣지 않고 마셨기 때문에 잠이 오지 않았다. 온갖 생각들이 얽히고 꼬여서 마침내 안정된 조합이 만들어지는 것 같은 느낌이 들었고, 이튿날 그는 초기하급수로부터 유도되는 푸크스 함수의 존재를 증명하였다. 그리고 그것을 논문으로 만드는 데는 단지 몇 시간밖에는 걸리지 않았다.

그는 또 이것을 급수로 만드는 데 성공하여 소위 제타 - 푸

크스 함수가 나오기도 했는데 이것에 대한 발견은 더욱 즉흥적
으로 이루어졌다. 여행을 하던 어느 날 산책을 하려고 마차에 탔
다. 그가 마차의 발판에 발을 올려놓는 순간, 그는 푸크스 함수
에 대한 생각이 떠올랐고 집에 돌아오자마자 그것을 완성했다.

　그의 수학적 발견에는 이와 같이 불현듯 나타난 것들이 많
다. 어느 날 아침 벼랑길을 걷고 있다가 갑자기 3차원의 정수계
수의 2차 형식의 변환이 비유클리드 기하학의 변환과 동일하다
는 생각이 떠올랐는가 하면, 어느 날은 거리를 산책하고 있을 때
별안간 그를 괴롭히던 어려운 문제의 해답이 떠오르기도 했는데
그 문제를 바로 해결하지 않고 병역을 마친 뒤 해결했다고 한다.
이처럼 그의 수학적 결과들은 주로 갑자기 찾아오는 계시에 의
한 것이었는데, 이것은 사실 긴 무의식의 준비작업의 결과인 것

이었다.

그는 수학의 여러 분야에 영향을 끼쳤지만 결코 한 분야를 오래 연구하지는 않았다. 그는 박사학위 논문에서 자기동형함수, 특히 소위 제타-푸크스 함수의 이론을 발전시켰다. 푸앵카레는 이것이 대수적 계수를 가지는 2계 선형미분방정식을 푸는 데 이용될 수 있음을 보였다. 그는 또한 확률론에 상당한 기여를 하였다. 그리고 20세기의 관심분야인 위상수학에 참여하였고, 그 결과로 위상수학에 '푸앵카레군'이라고 이름 붙은 수학적 구조체가 있다. 그는 비유클리드 기하학에도 관심이 있었고 뿐만 아니라 응용수학에서 광학, 전기학, 전신, 모세관 현상, 탄성, 열역학, 전위이론, 양자이론, 상대성이론, 우주진화론과 같은 여러 분야에 기여했다. 그러나 결국 푸앵카레는 양자론과 상대성 이론을 완전히 소화하지 못한 채 1912년에 병으로 죽었다.

푸앵카레는 30여 권의 책과 500여편의 훌륭한 논문을 쓴 다작의 학자로, 수학 전 분야에서 뛰어난 마지막 학자였다. 그는 수학과 과학을 대중에게 보급시키는 데 가장 큰 기여를 한 사람 중 하나였다. 그의 업적을 크게 분류하면 순수수학, 천체역학, 수리물리학 그리고 과학철학이다. 이 중 한 분야인 과학철학 분야에서는 4권의 저서를 남겼다. 이 네 권의 책은 쉽게 쓰여져서 노동자들까지도 읽을 수 있는 것이었다. 이 책은 모든 사람이 널리 읽을 수 있는 명쾌한 설명과 매력적인 스타일로 최고의 걸작이었고, 여러 외국어로 번역되었다. 사실 그의 책은 문학적으로도 뛰어났었기 때문에 푸앵카레는 프랑스 작가의 최고의 영예인 프랑스 학술원의 문학부분 회원으로 뽑히기도 했다. 과학철학 분야에서 그가 쓴 이 네 권의 책은 각각 1902년에 발표된 <과학과 가설>, 1905년의 <과학과 방법>, 1909년의 <과학의 가치> 그리고 그가 죽은 후인 1914년에 발표된 <만년의 사상> 등이 있다. 그 책의 내용은 각각 다음과 같다.

<과학과 가설>
수와 양, 공간, 비유클리드 기하학, 고전역학, 에너지와 열역학, 근대 물리학, 확률론, 전기역학, 물질의 종말

<과학과 방법>
학자와 과학, 수학의 장래, 수학상의 발견, 우연, 공간의 상대성, 수학과 논리, 신 역학과 천문학, 은하와 기체이론

<과학과 가치>

　수학의 직관과 논리, 시간의 측정, 공간과 그 3차원성, 해석
과 물리학, 수학적 물리학의 역사, 과학과 실재

<만년의 사상>

　법칙의 진화, 무한의 논리, 양자의 가설, 물질과 에테르와의
관계, 윤리와 과학, 알레니우스의 마(魔)

　이와 같이 많은 내용으로 저술되어 있는데 이 중에서 마지
막 책이 푸앵카레의 과학 사상집이라고 할 수 있다.

말이 필요 없는 증명

여기에서는 정수의 합에 대하여 잘 알려진 몇 가지 공식에 대하여 그림증명을 소개한다.

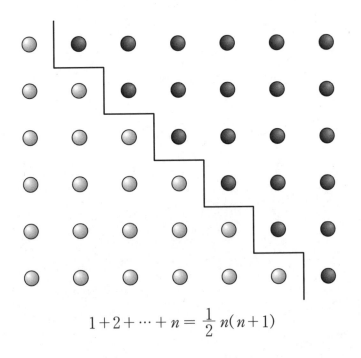

$$1+2+\cdots+n=\frac{1}{2}\,n(n+1)$$

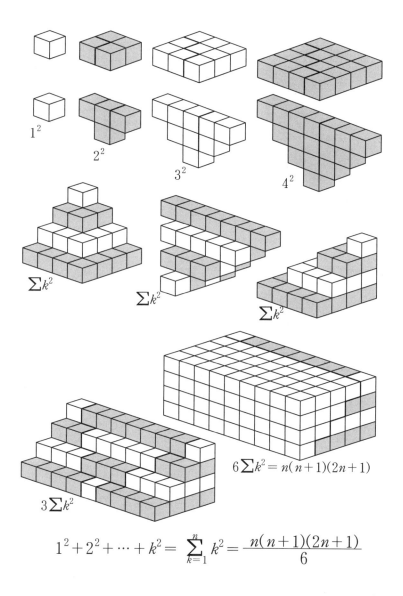

1^2

2^2

3^2

4^2

$\sum k^2$

$\sum k^2$

$\sum k^2$

$3\sum k^2$

$6\sum k^2 = n(n+1)(2n+1)$

$$1^2 + 2^2 + \cdots + k^2 = \sum_{k=1}^{n} k^2 = \frac{n(n+1)(2n+1)}{6}$$

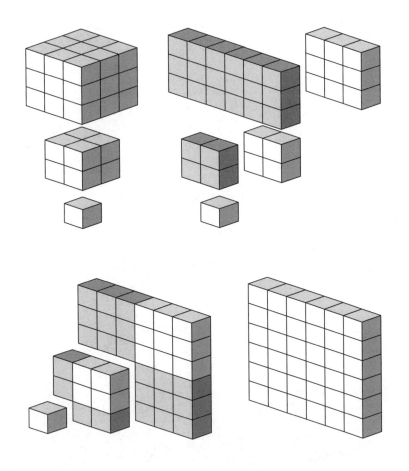

$$1^3 + 2^3 + 3^3 + \cdots + n^3 = (1 + 2 + 3 + \cdots + n)^2$$

$$1+3+5+\cdots+(2n-1)=n^2$$

$$\sum_{k=1}^{n}(-1)^{k+1}k^2=(-1)^{n+1}T_n=(-1)^{n+1}\frac{n(n+1)}{2}$$

피보나치 수열에 관하여는 이미 <웃기는 수학이지 뭐야!>에서 소개하였는데, n번째 피보나치 수 F_n은 $F_n = F_{n-1} + F_{n-2}$이고, 이 수열의 처음 몇 항은 1, 1, 2, 3, 5, 8, 13, 21, 34, ... 이다. 피보나치 수열의 성질 중 다음 두 가지는 잘 알려진 것이다.

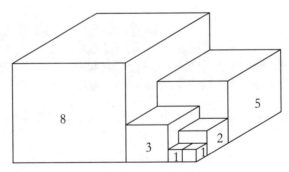

$$F_1^2 + F_2^2 + \cdots + F_n^2 = F_n F_{n+1}$$

$$F_1^3 + F_2^3 + \cdots + F_n^3 + F_1 F_2 F_3 + \cdots + F_{n-2} F_{n-1} F_n = F_n^2 F_{n+1}$$

마지막으로 기하급에 관한 식과 그림이다.

$$\sum_{n=0}^{\infty} ar^n = \frac{a}{1-r}$$

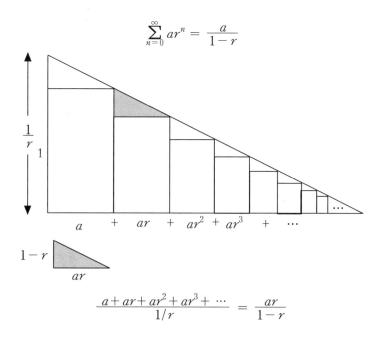

$$\frac{a + ar + ar^2 + ar^3 + \cdots}{1/r} = \frac{ar}{1-r}$$

수학이란? (13)

한 학생이 수학에서 D 학점을 받았다. 그 학생은 교수에게 찾아가 울면서 애원했다.

"교수님, 제가 공부를 열심히 하지 않아서 학점이 좋지 않게 나왔습니다. 그러나 D$^+$ 를 주신다면 부모님께 충분히 해명할 수 있습니다. 그러니 제발 D$^+$ 를 주셨으면 합니다."

교수는 학생을 불쌍한 눈으로 쳐다보다가 학생의 시험지를 찾아서 무엇인가를 열심히 계산하더니,

"학생의 성적은 D로군. 그러나 성적 산출에 적분과 미분방정식을 이용하면 다행히도 D^+ 는 받을 수 있겠군."

그래서 교수는 그 학생의 성적을 D 에서 D^+ 로 올려주었다. 얼마 후, 그 학생이 다시 찾아와 교수에게 물었다.

"교수님, D^+ 를 C 로 올리는 공식은 없나요?"

 풀이가 꼭 한가지만 있는 것은 아니다.

구구단은 너무 어려워

우리는 보통 자연수 집합은 N, 정수 집합은 Z, 유리수 집합은 Q, 실수 집합은 R, 복소수 집합은 C로 표시한다. 그 이유는 영어로 자연수는 'Natural number'이므로 N을, 실수는 'Real number'이므로 R을, 그리고 복소수는 'Complex number'이므로 C로 표시한다. 유리수는 영어로 'Rational number'라고 한다. 그러나 나누어지는 수란 의미로 'Quotient number'라고도 한다. 따라서 Q를 유리수 집합으로 표시한다. 그런데 정수는 영어로 'Integer' 또는 'Integral number'라고 한다. 그렇다면 정수를 'I'라고 해야할 텐데…

수 집합 중에서 정수는 유일하게 독일어로 '수'를 뜻하는 'Zahl[tsa:l]'의 첫 글자인 Z를 사용한다.

이제 자연수를 이용한 여러 가지 재미있는 숫자의 배열을 감상해보자. 먼저 1부터 9까지 차례대로 나열하여 적당한 위치에 +, −를 넣어 그 계산 결과가 항상 100이 되게 하자.

$$123-45-67+89=100$$
$$123+45-67+8-9=100$$
$$123-4-5-6-7+8-9=100$$
$$123+4-5+67-89=100$$
$$12+3-4+5+67+8+9=100$$
$$12-3-4+5-6+7+89=100$$
$$12+3+4+5-6-7+89=100$$

$$1+23-4+5+6+78-9=100$$
$$1+2+34-5+67-8+9=100$$
$$1+2+3-4+5+6+78+9=100$$
$$1+23-4+56+7+8+9=100$$
$$-1+2-3+4+5+6+78+9=100$$

거꾸로 9부터 1까지 차례대로 나열한 다음, 위와 같은 방법으로 100이 되는 배열은 다음과 같다.

$$98-7-6+5+4+3+2+1=100$$
$$98-7-6-5-4+3+21=100$$
$$98-76+54+3+21=100$$
$$98-7+6+5+4-3-2-1=100$$
$$98-7+6+5-4+3-2+1=100$$
$$98-7+6-5+4+3+2-1=100$$
$$98+7-6-5+4+3-2+1=100$$
$$98+7-6+5-4-3+2+1=100$$
$$98+7-6+5-4+3-2-1=100$$
$$98+7+6-5-4-3+2-1=100$$
$$9+8+76+5-4+3+2+1=100$$
$$9-8+76+54-32+1=100$$
$$9-8+7+65-4+32-1=100$$
$$9-8+76-5+4+3+21=100$$
$$-9+8+76+5-4+3+21=100$$
$$-9+8+7+65-4+32+1=100$$

이제 구구법을 생각해보자. 구구법 중에서 구단은 아주 흥미로운 배열을 가지고 있다.

$$9 \times 1 = 9$$
$$9 \times 2 = 18$$
$$9 \times 3 = 27$$
$$9 \times 4 = 36$$
$$9 \times 5 = 45$$
$$9 \times 6 = 54$$
$$9 \times 7 = 63$$
$$9 \times 8 = 72$$
$$9 \times 9 = 81$$

이 등식들의 오른쪽 항을 살펴보자. 1의 자리의 수는 9, 8, 7, 6, 5, 4, 3, 2, 1이고 10의 자리의 수는 1, 2, 3, 4, 5, 6, 7, 8이다. 또한 각각의 경우 두 수를 합하면 언제나 9이다. 9단을 이용한 또 다른 재미있는 배열은 다음과 같다.

$$12345679 \times 9 = 111111111$$
$$12345679 \times 18 = 222222222$$
$$12345679 \times 27 = 333333333$$
$$12345679 \times 36 = 444444444$$
$$12345679 \times 45 = 555555555$$
$$12345679 \times 54 = 666666666$$
$$12345679 \times 63 = 777777777$$
$$12345679 \times 72 = 888888888$$
$$12345679 \times 81 = 999999999$$

확실히 9단은 재미있는 경우이다.

　여기서 잠깐! 왜 하필 이름이 '구구단'일까? 곱셈구구의 시작은 '이일은 이, 이이는 사⋯'와 같이 시작되는 2단이다. 그렇다면 '이일단' 또는 '이이단'이라고 불러야하지 않을까?

　오래 전 곱셈에 관한 일정한 법칙을 일목요연하게 정리한 구구법은 귀족만이 독점했던 지식이었다. 이 방법이 매우 유용했으므로 귀족들은 일반 서민층에게 구구단을 절대로 누설해서는 안 된다고 생각했다. 귀족과 서민은 지식적인 면에 있어서 차이가 있어야 한다고 생각했으므로, 귀족들은 비밀 유지를 위하여 구구단을 일부러 어렵게 만들었다. 즉, 구구단을 거꾸로 외우기 시작했다. 그래서 마지막인 '구구 팔십일, 구팔 칠십이,⋯'와 같이 외웠고, 결국 오늘날 '구구법'이라고 이름 붙여졌다. 거꾸로 외우면 자기들도 힘들었을 텐데⋯

　다시 숫자 배열로 돌아와서, 이번에는 15873이라는 숫자를

가지고 재미있는 사실을 알아보자. 15873에 각각 2배, 3배, …, 9
배한 수에 7을 곱하면 다음과 같은 결과를 얻는다.

$$15873 \times 7 = 111111$$
$$31746 \times 7 = 222222$$
$$47619 \times 7 = 333333$$
$$63492 \times 7 = 444444$$
$$79365 \times 7 = 555555$$
$$95238 \times 7 = 666666$$
$$111111 \times 7 = 777777$$
$$126984 \times 7 = 888888$$
$$142857 \times 7 = 999999$$

숫자 디자인에 대하여 좀 더 알아보자. 다음에 있는 수의 피
라미드는 사칙연산 중 '+'만을 이용한 것이다.

$$1 \qquad\qquad = 1 \times 1$$
$$1+2+1 \qquad\qquad = 2 \times 2$$
$$1+2+3+2+1 \qquad\qquad = 3 \times 3$$
$$1+2+3+4+3+2+1 \qquad\qquad = 4 \times 4$$
$$1+2+3+4+5+4+3+2+1 \qquad\qquad = 5 \times 5$$
$$1+2+3+4+5+6+5+4+3+2+1 \qquad\qquad = 6 \times 6$$
$$1+2+3+4+5+6+7+6+5+4+3+2+1 \qquad\qquad = 7 \times 7$$
$$1+2+3+4+5+6+7+8+7+6+5+4+3+2+1 \qquad\qquad = 8 \times 8$$
$$1+2+3+4+5+6+7+8+9+8+7+6+5+4+3+2+1 = 9 \times 9$$

수의 피라미드 중 '+'와 '×'를 이용하면 다음과 같은 모양
을 얻을 수 있다.

$$1 \times 1 = 1$$
$$11 \times 11 = 121$$
$$111 \times 111 = 12321$$
$$1111 \times 1111 = 1234321$$
$$11111 \times 11111 = 123454321$$
$$111111 \times 111111 = 12345654321$$
$$1111111 \times 1111111 = 1234567654321$$
$$11111111 \times 11111111 = 123456787654321$$
$$111111111 \times 111111111 = 12345678987654321$$

$$0 \times 9 + 1 = 1$$
$$1 \times 9 + 2 = 11$$
$$12 \times 9 + 3 = 111$$
$$123 \times 9 + 4 = 1111$$
$$1234 \times 9 + 5 = 11111$$
$$12345 \times 9 + 6 = 111111$$
$$123456 \times 9 + 7 = 1111111$$
$$1234567 \times 9 + 8 = 11111111$$
$$12345678 \times 9 + 9 = 111111111$$

$$9 \times 9 + 7 = 88$$
$$98 \times 9 + 6 = 888$$
$$987 \times 9 + 5 = 8888$$
$$9876 \times 9 + 4 = 88888$$
$$98765 \times 9 + 3 = 888888$$
$$987654 \times 9 + 2 = 8888888$$
$$9876543 \times 9 + 1 = 88888888$$
$$98765432 \times 9 + 0 = 888888888$$

위에 소개된 디자인 이외에도 많은 디자인이 있다. 독자들도 한 번 다양한 종류의 디자인을 찾아보기 바란다.

바늘이 수학을?

　'확률'이란 어떤 사건이 일어날 가능성을 알기 쉽게 수로 나
타낸 것이다. 예를 들어 다음 첫번째 사각형에서 눈을 가린
채 연필로 이 사각형 위에 점을 찍으면 색칠된 부분의 점일
확률은 $\frac{1}{4}$ 이다. 마찬가지로 두 번째 사각형에서의 확률은 $\frac{1}{8}$
이고, 세 번째 사각형에서의 확률은 $\frac{3}{8}$ 이다. 이 경우 확률은
전체 넓이와 색칠된 부분의 넓이의 비율임을 쉽게 알 수 있다.
이처럼 확률은 쉬운 것이다.

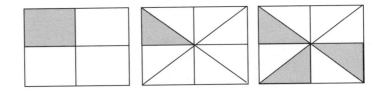

　확률에 대하여 좀 더 흥미로운 이야기로 18세기초의 프랑스
과학자 뷔퐁의 확률에 관한 유명한 '바늘문제'를 소개한다.

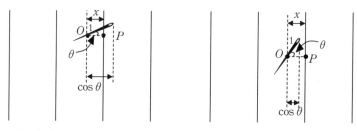

바늘이 바닥의 금에 걸칠 경우   바늘이 바닥의 금에 걸치지 않을 경우

그림과 같이, 마루에 떨어진 바늘의 위치를 두 변수 x와 θ로 표시하자. 단 바늘의 길이는 편의상 2라 하고 O를 이 바늘의 중점이라고 하자. x는 바늘의 중점에서 가장 가까운 금까지의 거리 $\overline{OP}$이고, θ는 $\overline{OP}$와 바늘 사이의 예각이다. 바늘을 한 번 던지면 구간 $0 \leq x < 1$ 와 $0 \leq \theta \leq \dfrac{\pi}{2}$ 에서 변수 x, θ가 결정된다. 또, 주어진 구간에서 x, θ를 임의로 선택하면 바늘의 위치가 정해진다. 따라서 이것은 다음 그림과 같은 직사각형에서 한 점을 선택하는 것과 같다.

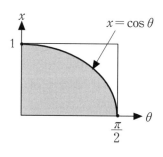

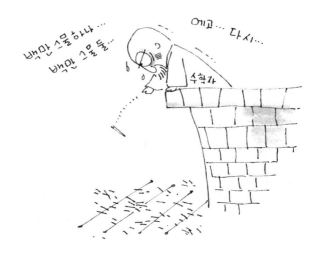

특히, 바늘이 마루의 한 금과 가로질러 떨어질 확률은 이 직사각형에서 색칠된 부분 위의 점을 선택하는 것과 같다. 직사각형의 넓이가 $\frac{\pi}{2}$ 이고, 색칠된 부분의 넓이를 적분을 이용하여 구하면 1이다. 따라서 확률은 색칠된 부분의 넓이 1을 직사각형의 넓이 $\frac{\pi}{2}$ 로 나눈 것이므로 $\frac{2}{\pi}$ 이고, 이것은 $\frac{2}{3}$ 보다 작다.

일반적으로 이웃한 금 사이의 거리가 d 이고 바늘의 길이를 $L \le d$ 라 할 때 확률은 $\frac{2L}{\pi d}$ 이다. 이것을 이용하면 π 의 근사값을 구할 수 있다. 좀 바보 같은 일이지만, 1901년에 라제리니는 3408번의 바늘 던지기를 시행하여 π 값의 소수 여섯 자리까지 구하였다. 순전히 바늘 던지기로만 π 의 근사값을 구한 시도는 아마도 이것이 처음이자 마지막이 될 것이다.

π는 원의 원주와 지름 사이의 비로, 순환하지 않는 무한소수, 즉 무리수이다. 기원전 240년경 아르키메데스는 그의 논문 <원의 측정>에서 최초로 π를 과학적으로 계산하였다. 원의 원주는 내접정다각형과 외접정다각형 둘레의 길이 사이에 있다는 것을 이용하였다. 그는 이 방법으로 π 값이 $\frac{223}{71}$ 과 $\frac{22}{7}$ 사이에 있다는 것과 약 3.14라는 것을 밝혔다. 이와 같은 방법을 '고전적인 방법'이라고 부른다. 이제 간단하게 π의 역사를 살펴보자.

1429년 알 캐시가 고전적인 방법으로 π를 소수 16자리까지 계산하였다. 1579년 프랑스의 비에트는 정393,216각형을 이용하여 소수 90자리까지 계산하였다. 그는 또한 $\frac{2}{\pi} = \frac{\sqrt{2}}{2}$ $\frac{\sqrt{2+\sqrt{2}}}{2}$ $\frac{\sqrt{2+\sqrt{2+\sqrt{2}}}}{2}$ … 와 같은 흥미로운 무한 곱을 발견하였다. 그 후 1593년 루멘은 정 2^{30} 각형을 이용하여 소수 15자리까

지 정확하게 계산하였다. 1621년 슈넬은 개선된 고전적인 방법으로 π 값을 계산하였고, 1630년 그린버거는 슈넬의 방법으로 소수 39 자리까지 정확하게 계산하였다. 이것이 다각형을 이용한 마지막 시도였다. 그 후 π가 무리수이고 초월수임이 밝혀졌고, 여러 가지 방법으로 구해졌다.

가장 최근에 미국에서 슈퍼컴퓨터를 이용하여 π 값을 소수 2,160,000,000 자리까지 계산하였다. 이 숫자를 종이 위에 쓰면 얼마나 길까? 먼저 이 책에 있는 숫자와 비슷한 크기로 쓴다면, 한 줄에 약 60개의 숫자가 적히고 많아도 70개를 넘지 않는다. 따라서 넉넉잡고 65개가 쓰인다고 하자. 한 쪽 당 약 25개의 줄이 있으므로 한 쪽에 쓸 수 있는 소수자리는 19,125 자리이다. 좀더 촘촘히 써서 한 쪽에 약 20,000 자리까지 쓸 수 있다고 가정해도

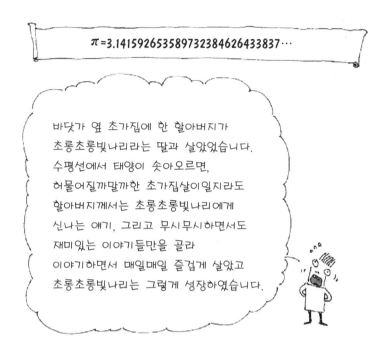

$\pi = 3.14159265358979732384626433837\cdots$

바닷가 옆 초가집에 한 할아버지가
초롱초롱빛나리라는 딸과 살았었습니다.
수평선에서 태양이 솟아오르면,
허물어질까말까한 초가집살이일지라도
할아버지께서는 초롱초롱빛나리에게
신나는 얘기, 그리고 무시무시하면서도
재미있는 이야기들만을 골라
이야기하면서 매일매일 즐겁게 살았고
초롱초롱빛나리는 그렇게 성장하였습니다.

모두 108,000쪽이 필요하다. 따라서 250쪽인 책 432권이 필요하다.

그럼 길이는 얼마나 될까? 한 줄의 길이는 10cm를 넘지 않는다. 그러므로 한 쪽에 쓰여진 숫자의 길이는 250cm이다. 따라서 길이는 108,000×250=27,000,000cm이다. 즉, 270km이다. 시속 60km로 달리면 4시간 30분만에 도착할 수 있는 굉장한 길이이다. 그러나 이와 같은 길이는 인쇄된 경우이고 만약 손으로 쓴다면 그 길이는 아마 두 배쯤 늘어날 것이다.

수학이란? (14)

수학자들은 무엇이든지 간단하고 단순하게 고치기를 좋아한다.

어느 수학교수가 학생들에게 많은 양의 어려운 문제를 숙제로 내주었다. 한 학생이 그 문제들의 풀이에 대한 보다 많은 정보를 얻기 위해 수학교수에게 그 문제들의 다른 풀이가 있는지와 그 방법을 묻는 편지를 썼다. 그 학생은 수학교수로부터 다음과 같은 답을 받았다.

"예, 그 풀이는 존재하며 분명합니다."

 수학은 가장 이상적인 답이다.

늘었다 줄었다하는 기하학

기하학에서 많이 알려진 패러독스를 소개하기 위하여 여러 참고 서적을 찾던 중, 신항균 교수님이 학생들과 같이 지으신 책에서 그것을 찾을 수 있었다. 여기에서는 그 책 <클릭! 수학나라>에 나와있는 내용을 소개하겠다.

먼저 왼쪽 그림에서 사람이 일곱 명임을 확인하고, 표시된 선대로 세 조각으로 잘라보자.

그리고 나서 위의 두 장을 서로 바꾸어 놓으면 오른쪽 그림 처럼 된다. 다시 오른쪽 그림에서 사람을 잘 세어보면 여덟 명이 된다. 그림을 잘 살펴보면 종이와 종이가 맞닿는 부분의 사람들 이 조금씩 어딘가 모자란다는 것을 알 수 있지만 대충 보아서는 알 수 없다.

이 패러독스를 가장 쉽게 설명하는 방법은 다음과 같다.

아래 그림처럼 종이에 열 개의 선분을 긋고, 양쪽 끝에 있는 선분들이 잘려나가지 않도록 대각선으로 잘 자른다.

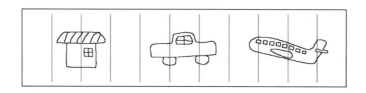

다 잘랐으면 변을 따라 종이를 아래 그림과 같이 미끄러뜨린다.

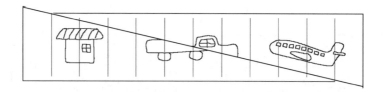

이제 선분의 개수를 세어보면 처음보다 한 개가 줄은 아홉 개임을 알 수 있다. 그러나 선분이 사라진 것은 아니다. 잘 보면 나중에 생긴 선분은 먼저 있던 선분보다 각각 $\frac{1}{9}$ 만큼씩 늘어난 것을 알 수 있다.

처음에 열 개의 선분으로 되어 있는 집합을 대각선을 따라 둘로 나누면, 각각 아홉 개의 선을 포함한 두 개의 집합이 생긴다. 자르기 전의 집합과 자른 후의 집합은 별개의 집합이라서 선분의 개수가 서로 달라지는 것이다. 사람이 한 명 더 생겨나는 패러독스도 이와 마찬가지의 원리이다. 즉 두 집합은 서로 완전히 다른 집합이 된다. 사람이 한 명 늘어나면서 어딘가 모자란 듯이 보이는 것도 사람들의 키가 작아졌기 때문이다. 잘 보면 키가 $\frac{1}{8}$ 정도 줄어들었다는 것을 알 수 있다.

다음 그림은 이와 마찬가지 방법으로 한 명이 늘었다 줄었다하는 것이다.

이 패러독스를 이용하면 부자가 될 수 있다. 9장의 지폐를 18조각으로 잘라 적절하게 재배열하면 지폐 10장을 만들 수 있으니까! 지금은 칼라 복사기로 복사를 하는 지폐 위조범이 있지만, 옛날 영국의 어떤 사람은 5파운드 짜리 지폐를 이렇게 위조하다 붙잡혀 징역 8년을 언도 받은 적도 있었다고 한다. 이런 범죄를 막기 위하여 현재 우리가 사용하고 있는 지폐에는 숫자가 서로 대각선으로 마주보고 써 있다.

　이 패러독스가 선분을 그려놓고 미끄러뜨리는 것과 같이 간단한 원리라고는 하지만 그냥 종이에 아무렇게나 그린다고 되는 것은 아니다. 이와 비슷한 것으로 1880년 경 미국의 샘 로이드는 원을 사용해 중국 병정이 한 명 사라지는 그림을 소개하였다. 아래 그림에서 원판을 잘라 시계 반대방향으로 돌려보면 12명이었던 병정이 11명이 된다.

회전하기 전

회전한 후

　다음 그림은 뱀에 관한 것으로 <클릭! 수학나라>에 소개된 그림이다. 마찬가지로 시계 반대방향으로 돌리면 뱀이 한 마리 늘어난다.

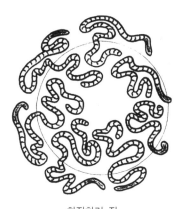

회전하기 전

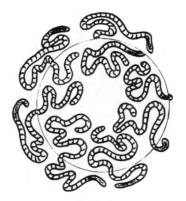

회전한 후

　이번에 소개하는 것은 패러독스와는 관계없는 것으로, 종이를 이용하는 재미난 놀이이다.
　물에 사는 생물 중 어떤 미생물은 일정한 크기로 자라면 똑같은 모양으로 4등분된다. 이런 생물을 'replication'과 'tile'을 합쳐 'rep-tile'이라고 한다. 여기에는 다음과 같은 것들이 있다. 여기에 소개되지 않은 것은 더 찾아보기 바란다. 그런데 아마도 찾기가 아주 어렵지 않을까 한다. 왜냐하면 현재까지 알려진 것은 여기에 모두 소개했으니까!

3변형 reptiles

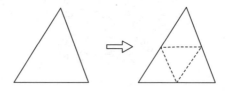

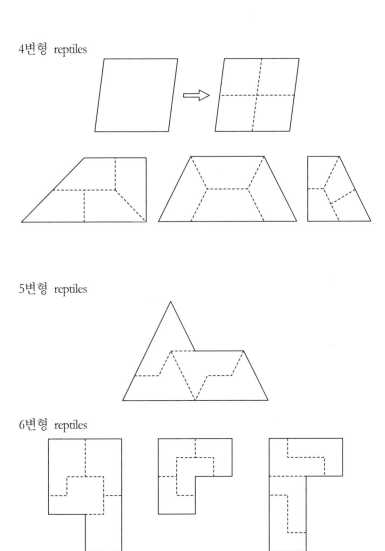

4변형 reptiles

5변형 reptiles

6변형 reptiles

외계인의 침략

원은 왜 360°일까?

 그 이유는 고대 바빌로니아에서 찾을 수 있다. 그 당시에는 '바빌로니아 마일'이라는 거리를 재는 단위가 있었다. 이 바빌로니아 마일은 오늘날 약 11.2km쯤 되는 거리이다. 이것은 또한 시간의 단위로도 사용되었다. 바빌로니아 사람들은 '1바빌로니아 마일을 가는 데 걸리는 시간'을 그들의 시간 단위로 사용하였다. 그리고 이 단위로 하루동안 걸어갈 수 있는 거리가 12 바빌로니아 마일이었다. 그래서 바빌로니아 사람들의 하루의 시간이 12 바빌로니아 마일이 되었다. 그들은 하루가 되려면 하늘이 한 바퀴 돌아야 한다고 믿고 있었으므로 1회전을 12등분하는 것은 당연한 결과였다. 그러나 하루를 12등분해서 사용하다보니 정확한 시간을 측정하기가 쉽지 않았다. 지금 우리가 사용하고 있는 시간으로는 하루가 24시간이므로 12 등분된 시간 간격 각각은 지금의 두 시간에 해당하는 것이다. 어쨋든 그들은 편의를 위하여 각각의 간격을 다시 30 등분하게 되었고, 결국 하루를 12×30=360 등분하게 되었다. 바빌로니아 사람들은 하루 즉, 하늘이 한 바퀴 도는 것을 360 등분했으므로 결국 원을 360 등분한 것이다.

현재 우리가 사용하는 시계를 12등분하는 것은 바빌로니아 사람들의 12등분 때문이다. 여기서 잠깐! 왜 시계바늘은 오른쪽으로 회전하는 것일까? 이것에 관하여 다음과 같은 흥미로운 이야기가 있다.

먼 우주의 외계인이 지구를 점령하기로 했다. 그러나 외계인들은 지구의 어느 부분을 먼저 공격해야 할지 몰랐다. 이 때 한 외계인이 지구의 손목시계를 가지고 왔고, 이것을 본 외계인들은 지구의 문명이 북반구에 있다는 것을 알게 되었다. 그래서 외계인들은 지구의 북반구를 먼저 공격하였고, 결국 지구를 쉽게 점령할 수 있었다.

어떻게 외계인들은 손목시계를 보고 지구의 문명이 북반구에 있다는 것을 알았을까? 그 이유는 간단하다. 북반구에서 볼 때, 태양은 동쪽에서 떠서 북반구의 남쪽하늘을 지나 서쪽으로 진다. 맑은 날 긴 막대기를 땅에 세워놓고 그림자를 살펴보면 막대기 그림자가 움직이는 방향은 시계바늘이 움직이는 방향과 같

다는 것을 알 수 있다. 따라서 우리들의 손목시계 바늘이 이와 같은 방향으로 움직이는 것은 문명의 출발이 북반구였음을 알려준다. 그러나 남반구에서는 이와 반대방향으로 그림자가 생긴다. 즉, 태양이 동쪽에서 떠서 남반구의 북쪽 하늘을 지나 서쪽으로 진다. 따라서 만약 남반구의 어느 곳에서 인류의 문명이 시작되었다면 시계는 지금과는 반대방향으로 돌아가고 있을 것이다. 어쨌든 여러분의 시계를 모르는 사람에게 함부로 보여주면 지구가 멸망할지도 모르니 조심하기 바란다. 만약 시계를 보여줘서 지구가 멸망한다면 이것은 카오스 이론에서 나오는 소위 '나비의 효과'이다.

원의 360 등분은 1년이 365일이라는 것과도 많은 관계가 있다. 현재 우리는 365일을 1년으로 하고 이를 다시 나눈 12달을 사용하고 있다. 이와 같은 형식의 달력은 1582년 교황 그레고리우스 13세가 제정한 '그레고리력'이다. 그러나 1년 365일은 태양

이 황도상의 춘분점을 지나서 다시 춘분점까지 되돌아오는 1태양년인 약 365.2422일보다 짧다. 카톨릭 교회에서는 부활절을 춘분 뒤 첫 보름 다음 일요일로 정하고 있다. 춘분은 325년 니케아 종교회의에서 3월 21일로 결정하였는데, 16세기 중엽이 되었을 때는 춘분이 3월 11일로 바뀌었다. 이에 따라 교회에서는 부활절 날짜를 고정하는 문제가 심각하게 대두되었다. 그래서 4년마다 윤년을 두되, 4의 배수이지만 400의 배수가 아닌 1800년, 1900년 등은 평년으로 하고 400의 배수인 1600년 2000년 등은 윤년으로 정하게 되었다. 그래서 2000년의 2월은 29일까지 있다. 이날 태어난 사람은 매 4년마다 자기 생일이 돌아온다. 마치 올림픽이나 월드컵이 열리듯 생일을 지내는 것이다.

그레고리력에 의하면 400년 중 평년은 303번 나타나고, 윤년은 97번 나타나며 1년은 평균 365.2425일이다. 하루 24시간을 초로 환산하면 86,400초이므로 실제 1태양년과의 시간 차이는

겨우 25.92초 정도이다. 따라서 그레고리력이 제정된 1582년부터 $\frac{86400}{25.92}\fallingdotseq 3333.33$ 년 뒤에야 태양년보다 하루 앞서게 된다. 따라서 1582+3333.33년 뒤, 즉 4916년은 4의 배수임에도 불구하고 평년이 된다. 여러분이 4916년까지 살면 그 해의 2월이 28일뿐임을 달력에서 볼 수 있을 것이다.

　달을 기준으로 하는 음력의 경우, 보름달이 다음 보름달이 될 때까지의 기간이 정확히 29.53일이므로 한 달이 29일이나 30일이다. 따라서 음력의 날짜와 달의 위상사이에는 시간 차이가 나게 되고 심한 경우 이틀 정도 차이가 난다. 그래서 음력에도 윤달이 있다.

　사실 수학은 복잡한 현상을 간명하게 표현하는 것을 아름답게 여기고 있다. 앞에서 살펴본 바와 같이 현재 우리가 사용하고 있는 태양력과 음력 모두 약간의 오차가 있다. 따라서 보다 정확하고 간명한 달력이 필요하다. 그래서 현재의 그레고리력을 개정하려는 시도가 1931년에 제네바에서 있었다. 이 중 많은 사람들의 지지를 받은 '국제 고정력'은 1년을 13개월로 1달을 28일로 한 달력이었다. 그러나 13이 소수이므로 등분할 수 없어서 불편한 점이 많기 때문에 결국 채택되지 못했다. 하지만 1년이 13개월이라면 직장인들은 참 좋을 것이다. 지금보다 1달치 월급을 더 받을 수 있으니까…

수학이란? (15)

수학에는 귀납법이란 아주 유용한 증명방법이 있다. 그러나 잘 사용하지 않으면 다음과 같은 오류를 범한다.

이 세상의 모든 말은 같은 색이다.

(귀납법) n을 이 세상에 존재하는 말의 수라고 하자. $n=1$일 때, 즉 말이 한 마리 존재한다면 분명하게 같은 색이다.

이제 $n=k$일 때 같은 색이라고 가정하고 $k+1$을 생각하자. $k+1$에서 한 마리를 꺼내면 나머지 k마리의 말은 같은 색이다. 이제 꺼냈던 말을 다시 넣고 다른 말을 꺼낸다. 그러면 다시 k마리가 되고 이 말들은 같은 색이다. 따라서 꺼냈던 말도 나머지와 같은 색이다. 그러므로 수학적 귀납법에 의하여 이 세상의 모든 말들은 같은 색이다.

 수학의 생명은 추상화이다.

난 공짜가 좋아

네 가지 과일, 사과, 배, 감, 귤을 순서대로 늘어놓는 방법은 모두 몇 가지일까? 처음에는 네 가지 과일 중 아무 것이나 선택할 수 있다. 그 다음은 한 가지가 이미 선택되어 있으므로 세 가지 과일 중에서 선택해야 하고, 또 그 다음은 두 가지, 그리고 마지막에는 한 가지 과일만 남는다. 이와 같이 선택할 수 있는 방법의 수를 간단히 표현하면 (4, 3, 2, 1)이다. 따라서 모든 방법의 수는 $4! = 4 \times 3 \times 2 \times 1 = 24$ 가지이다.

임의의 유한집합에 대하여 그 집합의 원소에 순서를 먹여 빠짐없이 배열하는 것을 치환, 또는 순열이라고 한다. 치환은 각각의 자리에 꼭 한 가지만 선택되므로 함수로 표현하면 일대일 대응, 즉 전단사 함수이다. 수학을 모른다고 하더라도, 즐겨 사용하는 일대일 대응이 있다. 일명 '사다리 타기'가 바로 그것이다.

예를 들어보자. 희중, 정민, 광연, 정범 네 사람이 돈을 내어 간식을 먹기로 했다. 돈을 내는 방법은 그림과 같은 사다리 타기이고 네 사람은 주어진 그림과 같이 선택했다.

그 결과 희중이는 2000원, 정민이는 3000원, 광연이는 공짜, 정범이는 1000원이 선택되었다. 이 사다리를 수학적으로 해석하기 위하여, 위와 똑 같은 사다리를 다시 그리고 사람 이름과 돈 대신 그림과 같이 번호를 붙인다.

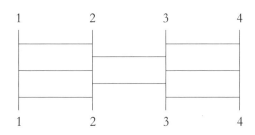

그러면 위의 1은 아래 3에, 위의 2는 아래 4에, 위의 3은 아래 1에, 위의 4는 아래 2에 각각 대응된다. 이것을 중간의 사다리 그림을 생략하고 간단히 표현하면 $\begin{pmatrix} 1 & 2 & 3 & 4 \\ 3 & 4 & 1 & 2 \end{pmatrix}$ 와 같고, 이것은 일대일 대응이다. 이것은 앞에서 설명한 치환 중 한 가지이다. 즉, 네 숫자로 이와 같이 나타낼 수 있는 방법은 모두 24가지이다.

　다시 사다리로 돌아가서, 이 사다리는 다음과 같이 여러 개의 사다리로 나누어진다.

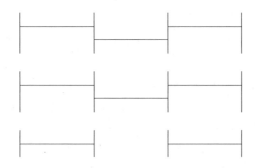

　위 그림에서 각각의 사다리는 다시 일대일 대응이므로, 원래 사다리는 이 세 사다리의 합성과 같다. 그러나 원래 사다리는 위와 같은 꼭 한가지 방법으로 나누어지는 것은 아니다. 예를 들어, 다음과 같이 나누어도 된다.

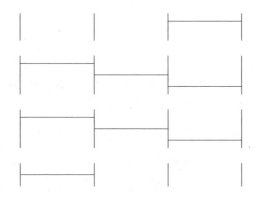

앞에서 설명했던 치환 중에서 특히, 호환이라는 것이 있다. 이것은 단지 두 개의 숫자로 이루어진 치환이다. 예를 들어, $\begin{pmatrix} 1 & 2 \\ 2 & 1 \end{pmatrix}$, $\begin{pmatrix} 3 & 4 \\ 4 & 3 \end{pmatrix}$와 같은 것이 호환이다. 위의 그림과 같은 방법으로 분해하면 결국 치환은 호환의 개수만큼 나타난다. 이에 대한 자세한 설명은 수학적으로 많은 지식이 필요하므로 생략한다. 혹시 사다리 타기와 치환에 관한 논문을 얻고 싶은 독자는 필자에게 연락하기 바란다.

어쨌든 앞의 분해 그림에서 보듯이 사다리 타기에서 분해되는 기본형은 다음과 같다.

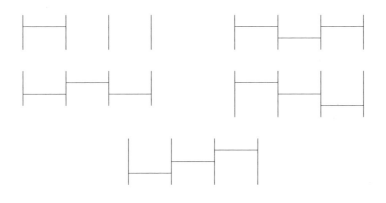

위 그림 중 첫번째 것이 바로 호환에 해당한다. 따라서 치환에서 호환을 얻는 것은 아주 단순하게 사다리 칸의 개수를 알아보면 된다.

이제 사다리 타기에서 이기는 방법을 소개하겠다. 그러나 복잡한 사다리의 경우에는 보다 복잡한 수학적 지식이 필요하므로

여기서는 생략한다. 어쨌든, 다음과 같은 경우의 사다리를 생각
하자.

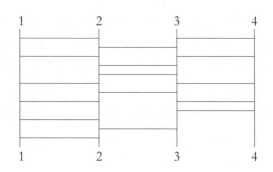

먼저 1과 2 사이의 사다리의 칸을 잘 살펴보면, 밑에서 두
번째와 세 번째는 어느 쪽에서 시작되든지 그 두 칸이 없는 것
과 같은 결과임을 것을 알 수 있다. 따라서 이와 같은 칸은 없는
것과 같다. 이제 주어진 그림에서 이와 같은 칸을 차례대로 없애
보자.

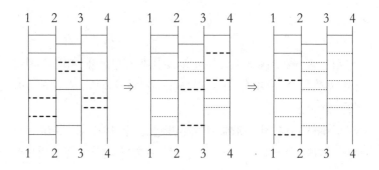

따라서 처음 주어진 복잡해 보이던 사다리는 다음 그림과
같이 단순한 사다리가 되고, 그 결과를 한 눈에 알 수 있다.

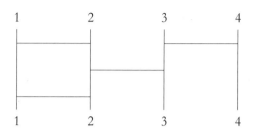

서해안에 숨어있는 수학

도대체 수학은 어디에 쓸모가 있을까?

우리는 태어나기 전부터 수학에 갇혀 산다고 해도 과언이 아닐 것이다. 임신 몇 개월로부터 시작하여 태어나는 순간 몇년, 몇월, 몇일, 몇시에 태어났다는 꼬리표가 붙는다. 그 이후에도 수학은 우리 곁을 떠나지 않는다. 그러나 학교에서 수학을 공부하기 시작하면서부터 우리는 수학에 대한 또 다른 종류의 의문을 갖는다. 수학은 실용적인가? 과연 이 어려운 것을 어디에 써먹는단 말인가? 이렇게 출발한 의문은 결국 '수학은 정말 자연과학인가'라는 의문에까지 도달하게 된다. 컴퓨터의 응용을 포함해서 도구로서의 수학이라면 그 이용가치를 의심하지는 않을 것이다. 그러나 순수수학이 되면 이런 생각은 바뀌게 된다. 과연 미분을 또는 적분을 배우면 생활에 불편함이 덜어질까? 몇 년 전에 몇 백년동안 수학자들을 괴롭혀온 페르마의 대정리가 증명되었다. 그러나 그것이 해결되었다고 해서 우리 일상 생활에 어떤 영향이 있으며 자연 현상을 해명하는데 어떻게 쓰일까?

그렇다면 순수수학은 정말 의미가 없을까? 물론 대답은 '그렇지 않다'이다. 대수학에서 군론은 당초 5차 대수방정식에 대수적 해법이 존재하지 않는 것을 보여 주기 위하여 갈루아에 의하

여 도입된 가공의 개념이었다. 그러나 군에 대한 사고방식은 사실은 자연계에서의 대칭성의 현상의 본질을 짐작해서 알아맞힌 것이라는 것이 그 뒤 명백하게 되었다. 그리고 현재에는 물리학에 있어서 군론적 발상은 필수 불가결한 사고 방식이 되어 있다. 또 다른 예로, 힐베르트 공간에서도 이 무한의 차원을 갖는 개념이 자연계에 구체적인 모델을 가질 것이라는 것을 아무도 상상하지 못했다. 그러나 물리학에서 양자의 세계가 바로 그러한 세계였던 것이다.

어쨌든, 많은 수학자가 자기가 연구하는 것이 '과연 현실에 무슨 소용이 되는가'라는 질문에 바로 대답을 못했으며, 그냥 '언젠가는 누군가에 의하여 쓰이겠지'라는 식의 사고방식이 있었다. 그러나 현대에 와서 이런 생각은 여지없이 무너지고 있다. 요즘은 순수수학도 중요하지만 응용수학이 상당히 발달하고 있는 추

세이고 앞으로도 이와 같은 현상은 지속될 것이다. 사실 그 계기는 1980년대 이후 폭발적으로 발전한 '카오스'와 '프랙털'에 있다.

사실 카오스와 프랙털은 순수수학의 본류로부터 상당히 떨어진 곳에서 생긴 개념이다. 보다 정확하게 말해서 이 두 개념들은 수학을 이용하여 바로 자연현상을 해명하려는 노력에서 탄생하였다. 프랙털 이론의 창시자는 IBM의 연구원이었던 브누아 만델브로이다. 사실 처음부터 비약적인 발전이 있었던 것은 아니다. 그 발전은 컴퓨터의 발전과 더불어 시작되었다. 즉, 성능이 급격히 좋아지기 시작한 컴퓨터로 많은 양의 데이터를 쉽게 처리할 수 있게 됨으로써 비약적인 발전이 이루어졌다. 이것과 더불어 순수수학의 미분방정식에서 발전한 '역학계'라 불리는 연구분야의 발전이 카오스와 프랙털을 성장시키는 데 결정적인 역할을 하였다.

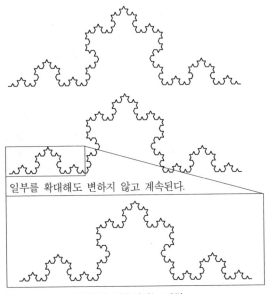

일부를 확대해도 변하지 않고 계속된다.

프랙털이 만들어지는 과정

　이제 프랙털이 무엇인가를 되도록 간단하게 설명하기 위해서 예를 하나 들자. 우리나라의 서해안은 그 해안선이 들쭉날쭉하기로 이름이 나 있다. 이런 해안선을 우리는 예전에 소위 '리아스식 해안'이라고 배웠다. 이제 여러분이 우리나라의 해안선을 따라 걸어서 여행을 한다고 가정하자. 여기서 '해안선을 따라'라는 의미는 문자그대로 물과 땅이 접하는 곳을 따라서 걷는 것이다. 예를 들어 직선거리로 30킬로미터인 두 지점 A와 B를 시속 5킬로미터로 쉬지 않고 걷는다고 하자. 아침 8시에 A 지점에서 걷기 시작하면 과연 몇 시에 B 지점 도착할 수 있을까? 그 답은 '무한대의 시간이 걸린다'이다. 다음 그림은 1906년에 판 코흐가 구성한 곡선으로 유한의 면적을 둘러싸는 무한대의 길이의 곡선의 예이다.

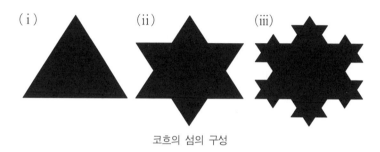

(ⅰ) (ⅱ) (ⅲ)

코흐의 섬의 구성

코흐의 섬

이것을 눈의 결정체와 닮았다고 하여 일명 '설편곡선'이라고 한다. 이 곡선은 가장 잘 알려진 프랙털의 일종이다. 이제 프랙털을 가장 단순하게 다음과 같이 정의하자.

"프랙털이란 아무리 확대해도 들쭉날쭉한 것이 계속되는 도형이다."

이것은 1970년대 후반에 만델브로가 정의한 것이다. 정의에서 알 수 있는 것처럼 프랙털 도형은 1차원의 곡선은 아니다. 즉, 자를 이용하여 도저히 그 길이를 측정할 수 없다. 그렇다면 2차원일까? 그러나 이 곡선이 평면은 아니므로 2차원보다는 낮은 차원이다. 그래서 만델브로는 1차원과 2차원의 중간 차원이라는 새로운 차원의 개념을 도입하였다. 이것이 소위 '프랙털 차원'이다.

현재 프랙털에 관심이 집중되고 있는 이유는 수학이지만 비수학적이라는 이유와 프랙털의 실례가 자연계의 도처에 있다는 것이다. 예를 들어, 폐, 대뇌, 내장의 벽 등이 모두 프랙털이고, 식물의 가지, 잎 등이 모두 프랙털이다. 그러나 아직도 해결되지 못하고 있는 문제가 많이 있다. 즉, 수학과 프랙털의 연관관계라든지 자연계에서 일어나는 여러 가지 현상들을 어떻게 프랙털을 사용하여 나타낼 수 있는지 등은 지금도 계속 연구되고 있는 첨단분야이다.

어쨌든, 카오스*와 프랙털은 수학에 전혀 새로운 견해를 도

---

* 카오스에 관하여 보다 자세하고 재미있는 설명은 〈웃기는 수학이지 뭐야!〉를 참고하기 바란다.

입하여 수학에 새로운 진로를 열어주고 있다. 다음 그림은 이 새로운 분야에서 비교적 평범하고 간단한 수학으로부터 얻을 수 있는 것으로 '만델브로의 세계에 대한 조망'으로 불리는 것이다.

참고문헌

1. 권영한, 재미있는 이야기 수학, 전원문화사, 1989.
2. 김안현, 이광연 역, 초기수학의 에피소드, 경문사, 1998.
3. 김용운, 김용국, 수학대사전, 우성, 1986.
4. 김용운, 김용국, 재미있는 수학여행 1,2,3,4 김영사, 1997.
5. 김혜경, 윤주영 역, 동양 최고의 수학서 구장산술, 서해문집, 1998.
6. 박세희 역, 수학의 확실성, 민음사, 1986.
7. 신항균, 수학사와 수학이야기, 무지개사, 1999.
8. 신항균, 클릭! 수학나라, 서울교대 수학교육과, 1999.
9. 아이하라 가즈유키, 쉽게 읽는 카오스, 한뜻, 1994.
10. 양영오, 허민 역, 수학적 경험(상, 하), 경문사, 1997.
11. 이성범, 구윤서 역, 새로운 과학과 문명의 전환, 범양사, 1989.
12. 이우영, 신항균 역, 수학사, 경문사, 1995.
13. 이우영, 신항균, 이홍렬 역, 수학의 황제 가우스, 경문사, 1996.
14. 이창우 역, 수학통이 되는 책, 한국산업훈련소, 1998.
15. 이태규, 이야기 수학사, 백산 출판사, 1989.
16. 허민, 오혜영 역, 수학의 위대한 순간들, 경문사, 1994.